Succulent plants

Cactus

Yamashiro Tomohiro

NHK Publishing

アズテキウム・ヒントニー（105ページ参照） *Aztekium hintonii*

Contents

12か月栽培ナビ
作業編

サボテン栽培のポイント

[本書の使い方]

本書ではサボテンの栽培に関して、1月から12月の各月ごとに、行うべき手入れや管理の方法を詳しく解説しています。また主な原種・園芸品種の写真を掲載し、その自生地や特徴、管理のポイントなどを詳しく紹介しています。

ラベルの見方

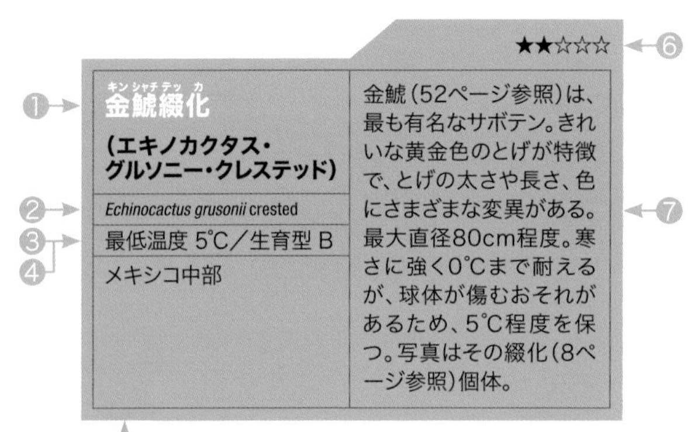

1. 園芸名(主に漢字表記)、学名(カタカナ表記。園芸品種小名は漢字を含む)
2. 学名(アルファベット表記)
3. 冬越しに必要な最低温度
4. 生育型を「A型」、「B型」、「C型」の3つに分けて表示(96ページ参照)
5. 主な自生地。斑入り、綴化、モンストロース、園芸品種は、元となった種、亜種、変種、品種の自生する地域を示す
6. 栽培難易度を5段階で表示(★の数が多いほど難しい)
7. 自生地の環境、特徴、栽培の注意点など※

※「最大直径○cm。」と記されている場合は、自生地における1球体の最大サイズを示す。

サボテンの魅力
→5~10ページ
サボテンの注目すべきポイントや楽しみ方、基礎知識などを紹介しています。

サボテン図鑑
→11~49ページ
人気のサボテンから希少なサボテンまで約100種類を、玉型サボテン、柱サボテン、コノハサボテン、ウチワサボテン、塊根性サボテンの順に写真で紹介。それぞれの学名や主な自生地、栽培の注意点などを説明しています。

自生地のサボテン
→50~52ページ
厳しい環境に耐えて育つ、自生地のサボテンの姿を紹介します。

12か月栽培ナビ
→53~93ページ
各月の管理と栽培環境・作業について、サボテンが好む温度帯によって、3つの生育型に分けて解説。主な作業の説明は、82~93ページにまとめました。

サボテン栽培のポイント
→96~104ページ
サボテンを育てるうえで知っておくべき、生育型、鉢、用土、肥料、置き場、遮光、水やり、病害虫について解説しています。

●本書は関東地方以西を基準にして説明しています。地域や気候により、生育状態や開花期、作業適期などは異なります。また、水やりや肥料の分量などはあくまで目安です。植物の状態を見て加減してください。
●種苗法により、種苗登録された品種については譲渡・販売目的での無断増殖は禁止されています。また、品種によっては、自家用であっても譲渡や増殖が禁止されていることもあるので、葉ざしなどの栄養繁殖を行う場合は事前によく確認しましょう。

chapter 1

サボテンの魅力

過酷な環境に適応するために
進化したサボテン。
驚くほどの多様性と、
その独特な姿が
多くの園芸家を魅了しています。

光山、晃山（105ページ参照） *Leuchtenbergia principis*

サボテンの注目ポイント

形・模様など容姿

サボテンの魅力はその多様性にあります。さまざまな容姿の種があり、自分好みの形、模様を選んで探すところから楽しみは始まります。同じ種でも自生地によって変異があり、さらに同じ自生地でも個体差があり、多くの人を魅了しています。

とげ

ひと口にとげといっても、その色、形はさまざまです。太く鋭い、いかついとげから、触れても痛くない柔らかなとげまでそろっています。特に新とげが伸びる春は、とても美しい姿を楽しめます。

花

サボテンの花は総じて美しく、見ごたえがあります。球体よりも大きな花を咲かせるものもあります。なかでも花サボテンと呼ばれる種類は、特別な管理を必要とせず、毎年花を咲かせます。

牙のように鋭く伸びる！

ペディオカクタス・ピーブレシアナス・マイアス

Pediocactus peeblesianus f. *maius*

鉄条網と赤い帽子？

厳雲（ゲンウン）

Melocactus glaucescens

アガベに似てるかな？

アガベ牡丹（ボタン）

Ariocarpus agavoides

6〜7ページに掲載したサボテンの解説は、106ページ参照。

不透明なハオルチア？

玉牡丹（タマボタン）

Ariocarpus retusus 'Tamabotan'

風格漂う漆黒のとげ

黒王丸（コクオウマル）

Copiapoa cinerea

蛇腹折りの世界地図？

世界の図（セカイノズ）

Echinopsis eyriesii variegated

とげのグラデーションに注目！

紅梅殿（コウバイデン）

Turbinicarpus horripilus

竜神木（左）と、竜神木の斑入りモンストロース（右）。右の個体の中央の芽は、モンストロースの特徴が発現していない。

ミルチロカクタス'奇巌城'。成長点があちこちに生じるモンストロース個体。竜神木と同じミルチロカクタス属とされているが、詳細は不明。

斑入り（variegated）

部分的に葉緑素が抜ける変異です。抜けた部位は赤や黄色などに変化し、その多くは「○○○錦」と名づけられています。

綴化（crested）

成長点が線状になる変異です。扇状に広がったり、うねったりする独特な姿になります。とげが貧弱になりがちです。

石化、モンストロース（monstrose）

さまざまな変異があります。成長点が複数できるもの、凸凹が生じるもの、異常な数の子株を吹くもの、刺座（9ページ参照）の数が異常に多くなるものなど、多くは奇異な姿になります。同じ種でも小さなうちから特徴が現れる個体と、大きくなってから特徴が現れる個体とがあります。

烏羽玉（左）と、烏羽玉の綴化個体（23ページ参照）。

サボテンはどんな植物？

サボテンだけが刺座をもつ

サボテンは刺座（アレオーレ）をもつ、サボテン科の植物です。「刺座」はとげのつけ根にある、とげを出すための器官です。刺座が毛で覆われることもあります。とげのないサボテンもありますが、サボテンには刺座が必ずあります（刺座がわかりにくい種類もあり）。とげには、密集させて強光や高温から植物体を守る、鋭いとげで動物を遠ざけ食害を防ぐなどの働きがあります。

サボテンは多肉植物に含まれます。しかし、サボテンには種や変異が多く、多肉植物のなかで占める割合が大きいため、昔から園芸界では「多肉植物」を、「サボテン」と「サボテン以外の多肉植物」とに分けて扱っています。サボテン以外の多肉植物はサボテン科ではなく、とげがついていても、刺座はありません。

現在は、ほぼすべてのサボテン科植物がワシントン条約（CITES）の規制対象に該当するため、自生地株の輸入ができなくなっています。

水分を蓄えるために進化

サボテンの分布域は南北アメリカ大陸と周辺の島々の乾燥地帯です（リプサリス属の一部を除く）。低地から高山まで広く分布しています。乾燥地帯に適応するため、葉や茎が多肉質になり（コノハサボテン）、葉をなくして肉厚のうちわ状になり（ウチワサボテン）、より多くの水分を蓄えるために柱状になり（柱サボテン）、さらに表面積を小さくして水分蒸発を減らすために球状になった（玉型サボテン）と考えられています。地中に塊根をつくるもの（塊根性サボテン）もあります。

コノハサボテン属の大葉キリン（107ページ参照）。最も原始的なサボテンで、低木状の樹形と大きな葉をもつ。拡大した部分にとげが見える。

サボテンのサイズ

成長スピードの違い

サボテンの成長スピードは、種類によって異なります。一般に、小型のものよりも中型のもの、中型のものよりも大型のもののほうが、成長スピードが速く、また、例外もありますが、玉型サボテンよりもウチワサボテン、ウチワサボテンよりも柱サボテンのほうが成長スピードが速いといえます。

無理に大きくしない

サボテンは成長がとても遅い植物です。自生地の大きなサボテンは、そのサイズになるまでに少なくとも数十年かかっています。大型のサボテンは特に、ある程度の大きさにならないと、種の特徴が現れません。小さなうちは稜(りょう)(※)や刺座の数が少なく、刺座の間隔が広いため、大きな株とは姿形が異なります。

サボテンは栽培下で最適な環境を整えたとしても、急に大きくはなりません。生育を早めるために水や肥料を多めに与えると、成長は多少早まりますが、腐りやすい株になってしまいます。無理に大きくしようとは考えず、時間をかけてゆっくり大きくしていきましょう。

鉢サイズによる影響

サボテンの成長は、鉢サイズにも大きく左右されます。鉢が大きければ、根や用土の温度が上がりにくく、用土が過湿になりやすいため、生育はよくなりません。鉢が小さければ、根を張るスペースがなく、水をかけてもすぐ乾き、鉢内に水がしみ込まないため、大きくなれません。いずれは株が傷みます。株に対して適切な大きさの鉢を選び、用土が劣化する前に植え替えるのが、大きく育てる早道です。一般に、鉢植えで栽培すると、小型、中型のサボテンは自生地の株よりも大きくなる種もありますが、大型のサボテンは自生地の株のサイズに達することはありません。

春雷(シュンライ)
Echinocactus platyacanthus （107ページ参照）

左は実生で7年経過した直径9cmの4号株。右は30〜50年経過した直径32cmの12号株。小さなうちは刺座の数が少ない。

※ひだ状（折り目状）になった部分。

chapter 2

サボテン図鑑

サボテンにはいろいろな種類があります。
とげの長さや色、斑入りなど変化に富み、
綴化やモンストロースなど、
特異な形状が魅力です。
手に入れてみたい、育ててみたいと
読者のみなさんを魅了する株を紹介します。

コピアポア・ギガンテア（107ページ参照） *Copiapoa haseltoniana* (syn. *C. gigantea*)

Globular cactus

玉型サボテン

玉型に成長するサボテンの総称。
株が成熟すると柱状になるものもあるが、
株が成熟するまでは玉型に育つ。
園芸上の分け方であり、厳密な定義ではない。
柱サボテンから進化し、表皮からの水分蒸発を減らすため、
表面積が最も小さい玉型になっている。

★★☆☆☆

金鯱綴化

(エキノカクタス・グルソニー・クレステッド)

Echinocactus grusonii crested

最低温度 5℃／生育型 B

メキシコ中部

金鯱(52ページ参照)は、最も有名なサボテン。きれいな黄金色のとげが特徴で、とげの太さや長さ、色にさまざまな変異がある。最大直径80cm程度。寒さに強く0℃まで耐えるが、球体が傷むおそれがあるため、5℃程度を保つ。写真はその綴化(8ページ参照)個体。

生育型A〜Cは96ページ参照

★★★☆☆

太平丸（タイヘイマル） （エキノカクタス・ホリゾンタロニウス）	ホリゾンタロニウスは、エキノカクタス属のなかで最も広域に分布し、産地によってとげや球体の形状が異なる。とげの色の変異も多い。タイプごとに園芸名があり、太平丸はこの種を代表するタイプ。写真のように、太い黒とげをもつ個体は雷帝（ライテイ）と呼ぶ。
Echinocactus horizonthalonius	
最低温度 3℃／生育型 B	
アメリカ南部 メキシコ北部〜中部	

★★★☆☆

尖紅丸（センコウマル） （エキノカクタス・ホリゾンタロニウス）	ホリゾンタロニウスのなかで、最も強烈なとげをもつタイプ。最大直径15cm程度。縦に連なった刺座から、赤みを帯びたとげを出す。多くのホリゾンタロニウスは球体に沿うようにとげが出るが、尖紅丸は球体から立ち上がるようにとげが出る。
Echinocactus horizonthalonius	
最低温度 3℃／生育型 B	
メキシコ北東部	

★★★☆☆

花王丸（カオウマル） （エキノカクタス・ホリゾンタロニウス）	ホリゾンタロニウスのなかで、最もとげが太くなるタイプ。とげは中刺も含め、球体にへばりつくように生えるのが特徴。黒や赤茶色のとげをもつ個体が多い。とげの太さや長さは変化に富む。実生選抜が繰り返され、太くて短いとげが珍重される。
Echinocactus horizonthalonius	
最低温度 3℃／生育型 B	
メキシコ北中部	

★★★★☆

竜女冠（リュウジョカン） （エキノカクタス・ポリセファルス・キセランテモイデス）	大竜冠（14ページ参照）の亜種でよく似ているが、より小型。最大直径10cm程度。乾燥した岩場の斜面や、砂利の平野に自生する。とげの色はピンクからアイボリー。自生地では大竜冠は30以上の大群生になるが、竜女冠は10数の群生にしかならない。
Echinocactus polycephalus subsp. *xeranthemoides*	
最低温度 0℃／生育型 B	
アメリカ （アリゾナ州、ユタ州）	

★★★★★

大竜冠（タイリュウカン）

(エキノカクタス・ポリセファルス)

Echinocactus polycephalus

最低温度 0℃／生育型 A

アメリカ南西部
メキシコ北部

ソノラ砂漠とモハーヴェ砂漠の、極度の乾燥地帯に分布。最大直径20cm程度。太く長いとげに球体が覆われ、蕾がつくと成長点付近が毛に覆われる（写真ではわかりにくい）。現地では「コットントップ」と呼ばれる。栽培は難しく、つぎ木で管理することが多い。

★★★★☆

綾波（アヤナミ）モンストローサ(※)

（ホマロケファラ・テキセンシス・モンストロース）

Homalocephala texensis monstrose

最低温度 5℃／生育型 C

アメリカ南部
メキシコ北東部

綾波は1属1種で、標高1500mまで広く分布する。エキノカクタス属に分類されることもある。球体は扁平。中刺は太く、長さや形状にさまざまなタイプがある。丈夫だが調子をくずすと回復困難。写真はそのモンストロース（8ページ参照）個体。

※日本では「綾波モンストロース」ではなく、「綾波モンストローサ」として普及している。

★☆☆☆☆

赤鳳（セキホウ）

（フェロカクタス・スタイネシー）

Ferocactus pilosus
(syn. *Ferocactus stainesii*)

最低温度 3℃／生育型 B

メキシコ北中部

広域の高原に数多く自生する、とても丈夫な種。群生する。鮮やかな赤とげが特徴。旧分類では、写真のように、白いひげのようなとげが少し出るか、まったく出ないタイプはF・スタイネシー。白いひげのようなとげがたくさん出るタイプはF・ピロサス。

★★☆☆☆

鯱頭（シャチガシラ）

（フェロカクタス・シリンドラセウス）

Ferocactus cylindraceus

最低温度 0℃／生育型 B

アメリカ南部
メキシコ（バハ・カリフォルニア半島、ソノラ州）

広範囲に数多く分布し、とげの色や形に数多くの変異がある。球体を覆うとげは赤、黄、グレーで構成され、とても美しい。昼夜の温度差が大きいほど、光線が強いほど、とげが充実し鮮やかになる。最大直径30cm、高さ2m。群生しない。

★★★☆☆

金冠竜（キンカンリュウ）

（フェロカクタス・クリサカンサス）

Ferocactus chrysacanthus

最低温度 3℃／生育型 B

メキシコ
（バハ・カリフォルニア州）

セドロス島原産だが、隣接する島や半島にも自生する。球体を覆いつくすようにとげが生え、とても美しい。とげは黄金色で、ねじれながら先端が鉤状になる。赤とげなど、とげの色に変異がある。最大直径30cm、高さ1m程度。花はとげと同色。

★★★★★

ジョンストン玉（ギョク）

（フェロカクタス・ジョンストニアナス）

Ferocactus johnstonianus

最低温度 3℃／生育型 A

メキシコ
（バハ・カリフォルニア州）

アンヘル・デ・ラ・グアルダ島の固有種。現在、自生地の個体数はとても少ない。5〜6cmの黄色いとげが、球体を覆うように生える。成熟株はとても丈夫だが、実生3〜5年の苗は維持するのが難しい。最大直径30cm、高さ1m程度。群生しない。

★★☆☆☆

神仙玉（シンセンギョク）

（フェロカクタス・グラキリス・コロラタス）

Ferocactus gracilis subsp. *coloratus*	赤とげサボテンの代表。バハ・カリフォルニア半島中央部の、標高の低い岩山の斜面や、砂利の平野に分布する。幅広で短い、真っ赤なとげがとても美しく、人気がある。丈夫で育てやすいが、とげの色の維持は難しい。最大直径30cm、高さ1.5m。群生しない。
最低温度 3℃／生育型 B	
メキシコ（バハ・カリフォルニア州）	

★★☆☆☆

緋冠竜(ヒカンリュウ)

(テロカクタス・ヘキサエドロフォルス・フォスラツス)

Thelocactus hexaedrophorus var. *fossulatus*

最低温度 0℃／生育型 B

メキシコ中部

標高1500m以上の、石灰岩の草原や岩場に自生する。白、アイボリー、ピンク〜赤色で構成される、太く長いとげが特徴。成長は比較的早く、直径20cmほどになる。直径8cm程度の花を咲かせる。花色は白〜ピンク色で、底黄。写真は特にとげが長いタイプ。

★★★☆☆

紅鷹錦(ベニタカニシキ)

(テロカクタス・ビカラー・ヘテロクロムス・バリエゲーテッド)

Thelocactus bicolor subsp. *heterochromus* variegated

最低温度 3℃／生育型 B

メキシコ北部(主にドゥランゴ州、コアウイラ州)

基本種の大統領(T・ビカラー)には多くの亜種、変種がある。紅鷹は、石灰岩質の丘陵部に分布する亜種。丸みを帯びた疣(いぼ)の先端に、刺座をつける。クリーム色に赤が混じった、きれいなとげが特徴。最大直径15cm程度。写真はその斑入り個体。

★★★☆☆

眠獅子綴化(ネムリジシテッカ)

(テロカクタス・リンコネンシス・フィマトテレ・クレステッド)

Thelocactus rinconensis var. *phymatothele* crested

最低温度 3℃／生育型 B

メキシコ(コアウイラ州南端)

眠獅子は、チワワ砂漠南端のアルテアガ渓谷に分布する変種。肌は淡い緑色で、とげは短く少ない。花は直径3cm程度で、白〜ピンク色。春から夏にかけて咲くが、成熟しないと開花しない。最大直径20cm程度。写真はその綴化個体。

★★★☆☆

獅子頭綴化(シシガシラテッカ)

(テロカクタス・リンコネンシス・ロフォテレ・クレステッド)

Thelocactus rinconensis var. *lophothele* crested

最低温度 3℃／生育型 B

メキシコ(コアウイラ州南部)

獅子頭はサルティーヨ周辺の、標高1600m程度に分布する変種。球体が疣(稜)に覆われる。稜の先に刺座があり、基部が黒い、ライトグレーのとげが出る。丈夫で育てやすい。子吹きはほとんどしない。タネでふやす。最大直径20cm。写真はその綴化個体。

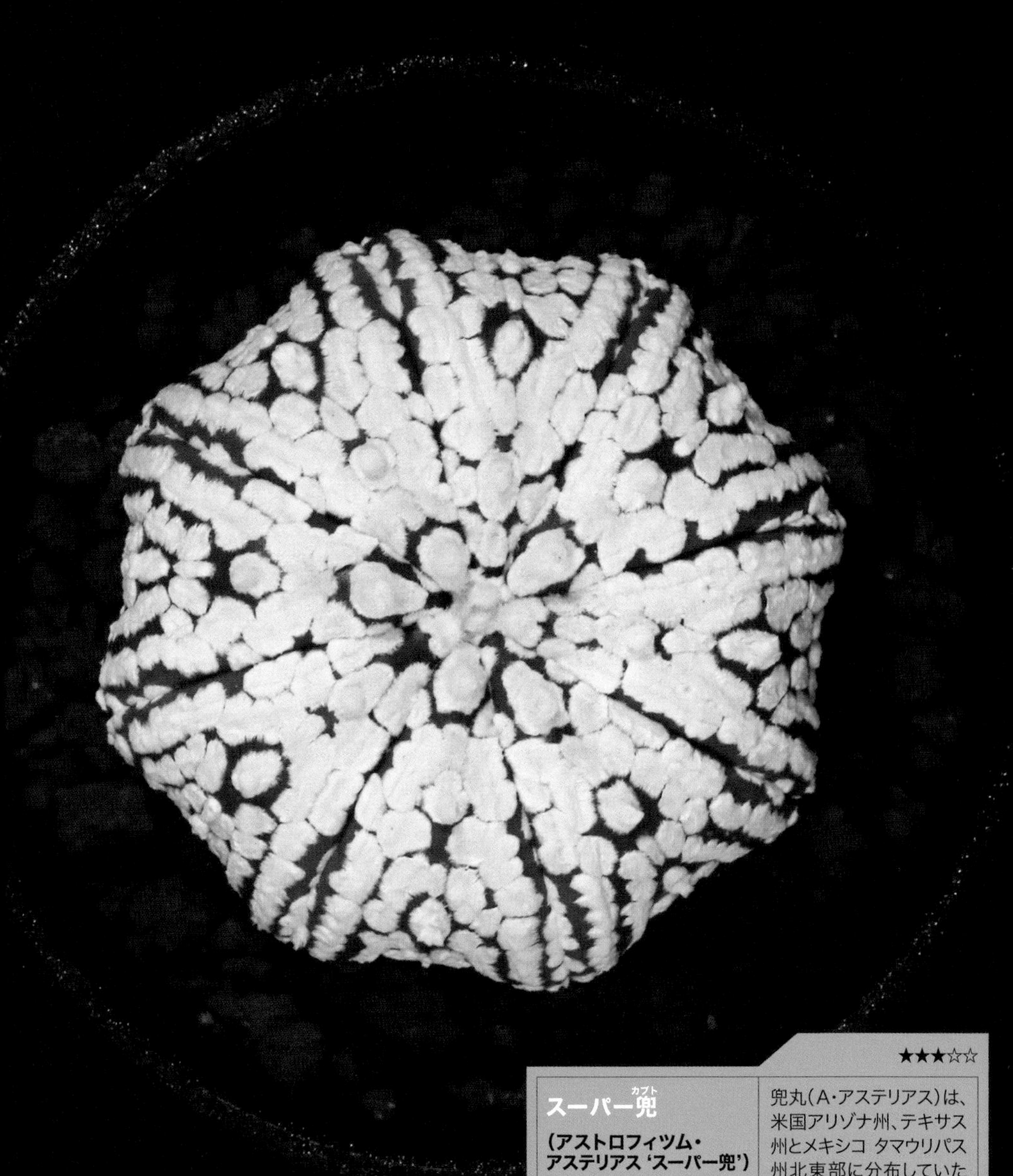

★★★☆☆

スーパー兜（カブト）

（アストロフィツム・アステリアス 'スーパー兜'）

Astrophytum asterias 'Super Kabuto'

最低温度 5℃／生育型 C

アメリカ
（リオ・グランデ・シティ周辺）、
メキシコ
（シウダー・ビクトリア周辺）

兜丸（A・アステリアス）は、米国アリゾナ州、テキサス州とメキシコ タマウリパス州北東部に分布していたが、現在は乱獲や開発で激減。現地では球体の大部分が地中に埋まっている。最大直径15cm程度。写真は白点が大きい園芸品種の 'スーパー兜'。

★★☆☆☆

恩塚鸞鳳玉（オンヅカランポウギョク）

（アストロフィツム・ミリオスティグマ'恩塚'）

Astrophytum myriostigma 'Onzuka'

最低温度 3℃／生育型 B

メキシコ北部〜中部

鸞鳳玉は肌の白点模様が特徴で、標高1000m前後の高地に分布する。最大直径20cm、高さ1m。'恩塚'は白点が大きい株を親として、大白点模様を固定させた園芸品種。「恩塚」は作出者の名前。海外でも人気が高い。

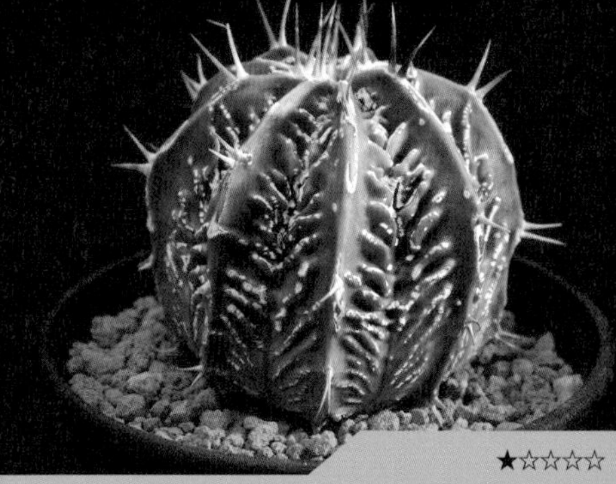

★★☆☆☆

複隆鸞鳳玉（フクリュウランポウギョク）

（アストロフィツム・ミリオスティグマ・モンストロース）

Astrophytum myriostigma monstrose

最低温度 3℃／生育型 B

メキシコ北部〜中部

鸞鳳玉（A・ミリオスティグマ）は最大直径20cm、高さ1m程度。自生地での変異が多く、栽培下でもさまざまな変異が生じる。複隆鸞鳳玉は稜間が凸凹になるタイプ。凸凹の出方の差が大きく、凹凸が激しく大きいほうが、人気が高い。

★☆☆☆☆

複隆般若（フクリュウハンニャ）

（アストロフィツム・オルナツム・モンストロース）

Astrophytum ornatum monstrose

最低温度 3℃／生育型 B

メキシコ中部

般若は標高800〜2000mに分布。大きくなると柱状になるが、柱サボテンではない。最大直径25cm、高さ120cm程度。成長が早く、とても丈夫で、初心者にもおすすめ。複隆般若はそのモンストロース個体。稜間が凸凹になるのが特徴。

★★☆☆☆

金剛丸錦（コンゴウマルニシキ）

（マミラリア・セントリキラ・バリエゲーテッド）

Mammillaria centricirrha variegated

最低温度 5℃／生育型 B

メキシコ中部

金剛丸は標高300〜2500mの広域に自生する。球体から突き出るように疣が生じ、その頂点に刺座をつける。深緑色の肌に、鮮明な黄色の斑がよく映える。現在はM・マグニママに統合されている。最大直径10cm程度。写真はその斑入り個体。

★★☆☆☆

金手毬（キンテマリ）

（マミラリア・エロンガータ）

Mammillaria elongata

最低温度 3℃／生育型 B

メキシコ中部

最も原始的なマミラリアと考えられている中型種。標高1300〜2000mに分布。円筒状の株が群生する。とげの色は白、黄色、茶色と変化に富み、花色にも白、ピンク色、赤と多くの変異がある。

★★☆☆☆

玉翁殿（ギョクオウデン）
（マミラリア・ハフニアーナ・ラナタ）

Mammillaria hahniana
(syn. *Mammillaria hahniana* f. *lanata*)

最低温度 3℃／生育型 B

メキシコ中部

高地に自生する。基本種の玉翁（タマオキナ）（M・ハフニアーナ）よりも、刺座から生える白毛が長い品種（フォルマ）として日本では区別されているが、欧米では分けずに扱われることが多い。開花期は、玉翁よりも2～3か月遅い。最大直径10cm程度。

★★★☆☆

月影丸（ツキカゲマル）
（マミラリア・ゼイルマニアーナ）

Mammillaria zeilmanniana

最低温度 0℃／生育型 A

メキシコ中央部
（グアナフアト州）

標高1800m程度の、1km^{2}のごく限られた場所でのみ発見されている。個体数がとても少なく、現地では絶滅危惧種に指定されている。赤紫色の花がとても美しく、世界的に栽培されている。高山性で、高温多湿に特に弱い。最大直径8cm程度。

★★★★☆

マミラリア・ナザセンシス

Mammillaria nazasensis

最低温度 0℃／生育型 A

メキシコ北中部
（ドゥランゴ州）

標高1000m以上の急斜面の岩場に分布する。側刺は球体を覆うように生え、中刺（中央にあるとげ）は長く、釣り針状の鉤とげになっている。最大直径3.5cm程度。花はピンクがかったクリーム色。多湿を非常に嫌うため、夏は特に風通しに注意。

★★★☆☆

姫春星綴化（ヒメハルボシテッカ）
（マミラリア・フンボルティ・カエスピトーサ・クレステッド）

Mammillaria humboldtii var. *caespitosa* crested

最低温度 3℃／生育型 B

メキシコ中部
（イダルゴ州）

姫春星は標高1500m程度に分布する、春星（M・フンボルティ）の変種。直径3cm前後で、現地では数百の群生になる。人気の白系マミラリアで、真っ白な球体に濃いピンクの花がよく映える。欧米では、春星と同一に扱われる。写真はその綴化個体。

★★☆☆☆

烏羽玉綴化

(ロフォフォラ・ウィリアムシー・クレステッド)

Lophophora williamsii crested

最低温度 5℃/生育型 C

アメリカ南西部
メキシコ北部〜中部

烏羽玉はロフォフォラ属の代表種。チワワ砂漠を中心に、広域に分布。群生する。とげはなく、刺座から生える毛が特徴。ぬらさないように管理すれば、毛をきれいに維持できる。写真はその綴化個体。綴化個体には毛がほとんど生えない。

★★☆☆☆

翠冠玉

(ロフォフォラ・ディフューサ)

Lophophora diffusa

最低温度 5℃/生育型 C

メキシコ中部
(ケレタロ州)

最南端に分布するロフォフォラ。標高1300〜1800mの石灰岩質土壌に、球体の大部分が埋まった状態で自生する。最大直径12cm。群生する。とげがなく、肌は柔らかく根が肥大する。刺座から生える毛の量が多いほど、高く評価される。

★★☆☆☆

銀冠玉

(ロフォフォラ・ウィリアムシー・デシピエンス)

Lophophora williamsii var. *decipiens*

最低温度 5℃/生育型 C

メキシコ
(コアウイラ州南部)

限られた狭い地域に分布する。肌は粉を吹いたような、きれいなエメラルドグリーン。ピンク花を咲かせる。現地では球体の下部が土中に埋まっているため、極端な乾燥を嫌う。最大直径10cm。群生する。冬は空中湿度を上げて管理する。

★★★☆☆

黒牡丹（クロボタン）

（アリオカルプス・コチョベイアナス）

Ariocarpus kotschoubeyanus
(syn. *Roseocactus kotschoubeyanus*)

最低温度 3℃／生育型 C

メキシコ北部〜中部

標高1000〜2500mに、小さな群落で広域に点在。現地では、球体は地中に埋まり、上面のみ地上に出ている。最大直径10cm程度。成長はかなり遅い。直径3〜5cmのピンク花を咲かせる。株が小さなうちは、球体よりも花のほうが大きい。

★★★☆☆

亀甲牡丹(キッコウボタン)'ゴジラ'

(アリオカルプス・フィスラータス 'ゴジラ')

Ariocarpus fissuratus 'Godzilla'

最低温度 3℃/生育型 C

アメリカ南西部
メキシコ北部

亀甲牡丹はチワワ砂漠の、石灰岩質の平野に広域に分布。現地では球体の大部分が土中に埋まっている。'ゴジラ'は日本のコレクターが実生で作出した名品。ごつごつした球体と、緑色の肌がまさにゴジラを連想させる。

★★★☆☆

連山錦(レンザンニシキ)

(アリオカルプス・フィスラータス・ロイディ・バリエゲーテッド)

Ariocarpus fissuratus subsp. *lloydii* variegated

最低温度 3℃/生育型 C

メキシコ北中部

連山は標高500~1500mの石灰岩の岩場に自生する。現地では、球体の大部分が土中に埋まっている。最大直径20cm程度だが、成長はとても遅い。稜が大きい個体は、「大疣(おおいぼ)連山」と呼ばれる。秋に鮮やかなピンク花を咲かせる。写真は連山の斑入り個体。

★★★☆☆

村主花牡丹(スグリハナボタン)

(アリオカルプス・フルフラセウス・モンストロース)

Ariocarpus furfuraceus monstrose

最低温度 3℃/生育型 C

メキシコ北部~中部

花牡丹は広域に自生し、最大直径20cm程度。写真はそのモンストロース個体。球体の表面が盛り上がり、凸凹ができるのが特徴。ワシントン条約規制前の輸入株に交じっていた1個体をもとに、日本で実生選抜された。村主花牡丹の「村主(すぐり)」は繁殖者の名前。

★★★☆☆

<ruby>銀牡丹<rt>ギンボタン</rt></ruby>

（ペレキフォラ・ストロビリフォルミス）

Pelecyphora strobiliformis
(syn. *Encephalocarpus strobiliformis*)

最低温度 3℃／生育型 B

メキシコ中部東側

標高1500～1900mのチワワ砂漠の、石灰岩の岩場に分布。球体の大部分が土中に埋まり、岩や地面に擬態していて見つけにくい。成長はとても遅く、その容姿から現地では「松ぼっくりサボテン」の意で呼ばれる。ピンク～紫色の花を咲かせる。

★★★☆☆

<ruby>精巧丸<rt>セイコウマル</rt></ruby>

（ペレキフォラ・アセリフォルミス）

Pelecyphora aselliformis

最低温度 3℃／生育型 B

メキシコ中部
（サン・ルイス・ポトシ州）

標高1800m以上の限られた場所にのみ分布する。現地では球体の大部分が土中に埋まり、ほかの植物の陰になっている。直径5cm程度にしかならず、群生する。成長は非常に遅い。栽培下では、直射日光による日焼けに注意。

★★☆☆☆

<ruby>昇竜丸<rt>ショウリュウマル</rt></ruby>

（ツルビニカルプス・シュミエディッケアナス）

Turbinicarpus schmiedickeanus

最低温度 0℃／生育型 B

メキシコ中部東側

分布域はとても広く、多くの亜種がある。標高1500m程度のチワワ砂漠の、石灰岩の岩場に分布する。小型で最大直径3～4cm。現地では岩の割れ目や土中に、球体の大部分が埋まっている。栽培下では直径6～7cmになることもある。

★☆☆☆☆

短刺象牙丸（タンシゾウゲマル）

（コリファンタ・エレファントイデンス）

Coryphantha elephantidens cv.

最低温度 0℃／生育型 B

メキシコ中部～南部

象牙丸は、北アメリカ（カナダ南部～メキシコ南部）に広く分布するコリファンタ属の代表種。標高1000～2000mの広域に分布する。短刺象牙丸は、日本で作出された、とげが短い個体。

★☆☆☆☆

天司丸（テンシマル）

（コリファンタ・エレファントイデンス・ブマンマ）

Coryphantha elephantidens subsp. *bumamma*

最低温度 0℃／生育型 B

メキシコ南西部（モレロス州、ゲレーロ州）

象牙丸の亜種。象牙丸はピンク花～赤花で無香だが、天司丸は黄花で香りがよい。晩夏から秋に咲く。成熟すると、成長点のまわりから綿毛が球体を覆うように生え、独特の雰囲気になる。とても丈夫で高温を好み、耐寒性も強い。最大直径13cm程度。

★★☆☆☆

鳳華丸綴化（ホウカマルテッカ）

（コリファンタ・レツーサ・クレステッド）

Coryphantha retusa crested

最低温度 0℃／生育型 B

メキシコ南部（オアハカ州、プエブラ州）

鳳華丸は標高2000m付近に分布する。現地では黄～黄土色のとげが球体を覆うように生える。コリファンタ属のなかでは小型。扁平球形で、直径10cm程度にしかならない。肌は灰緑色で、花はクリーム色～黄色。写真はその綴化個体。

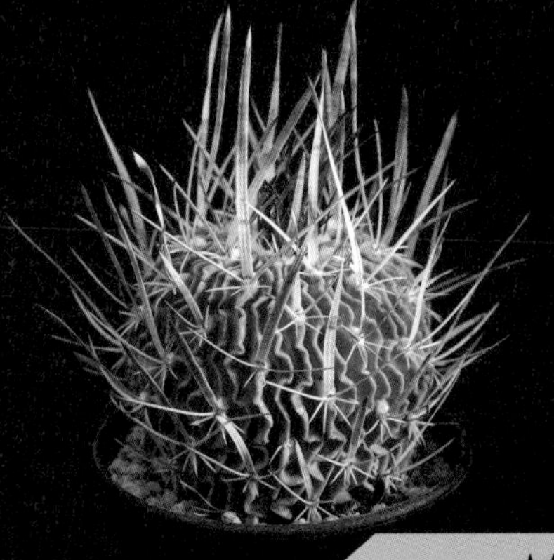

★★★☆☆

振武玉（シンブギョク）

（ステノカクタス・ロイディ）

Stenocactus lloydii
(syn. *Echinofossulocactus lloydii*)

最低温度 0℃／生育型 B

メキシコ中部

チワワ砂漠に広く分布する小型種。白〜赤茶色の長く薄い幅広の中刺が、上方にそびえ立つように伸びる。ステノカクタス属特有の、稜の多さもあわせもつ。花色は白〜ピンクで、ピンク系の中筋が入る。最大直径15cm程度。日焼けを起こしやすい。

★★★☆☆

竜剣丸（リュウケンマル）

（ステノカクタス・コプトノゴナス）

Stenocactus coptonogonus
(syn. *Echinofossulocactus coptonogonus*)

最低温度 0℃／生育型 B

メキシコ中部

広範囲に無数に分布する。ステノカクタス属特有の稜の多さはなく、13稜。上向きで太く鋭い、ベージュ色の中刺が特徴。とげがいかついほど、人気が高い。紫の中筋が入る、きれいな白花を春に咲かせる。暑さ寒さに強く丈夫。最大直径15cm超。

★★★☆☆

花籠（ハナカゴ）

（アズテキウム・リッテリー）

Aztekium ritteri

最低温度 3℃／生育型 B

メキシコ
（ヌエボ・レオン州）

標高1000m程度の「レイヨネスの谷」にだけ分布するとされる希少種。崖にめり込むように自生し、強い直射日光を嫌うため、通年庶光する。直径5cm程度にしかならず、群生する。極度の乾燥を嫌うため、冬は空中湿度を保つ。成長は非常に遅い。

★★★★☆

ゲオヒントニア・メキシカーナ	標高1200m程度のごく限られた場所に分布する、1属1種の希少種。石灰岩質の崖に自生する。アズテキウム・ヒントニー（1ページ参照）とともに自生しているが、記載は1992年と新しい。灰色がかった青緑色の肌が特徴。花は濃いピンク。
Geohintonia mexicana	
最低温度 3℃／生育型 B	
メキシコ（ヌエボ・レオン州）	

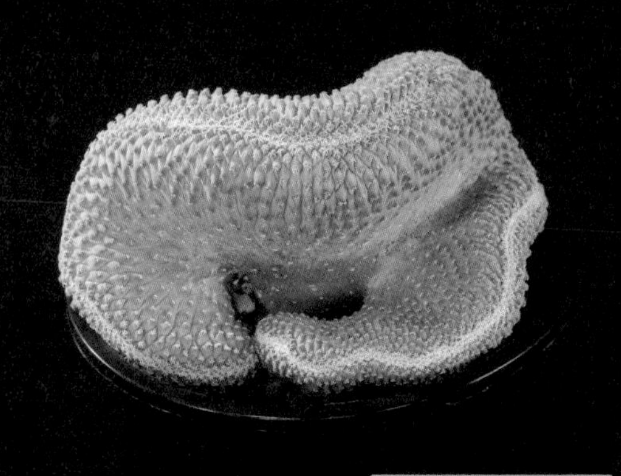

★★★☆☆

菊水綴化(キクスイテッカ)

(ストロンボカクタス・ディスキフォルミス・クレステッド)

Strombocactus disciformis crested

最低温度 3℃／生育型 B

メキシコ中部

菊水は1属1種で、石灰岩質の渓谷の崖に自生する。最大直径5〜6cmの小型種で、あまり群生しない。花は白色だが、赤花の亜種もある。丈夫だが、成長が非常に遅いため、主につぎ木で育てる。乾燥を好むため、水のやりすぎに注意。写真はその綴化個体。

★★☆☆☆

帝冠綴化(テイカンテッカ)

(オブレゴニア・デネゲリー・クレステッド)

Obregonia denegrii crested

最低温度 3℃／生育型 B

メキシコ(タマウリパス州)

帝冠は1属1種で、標高1000m程度の石灰岩質の狭い地域に分布する。半乾燥地帯で湿度が比較的ある場所に自生。三角の稜が重なる独特の株姿で、直径20cmほどになる。アリオカルプス属との関連が推測されている。写真はその綴化個体。

★★★★☆

エピテランサ・ボーケイ

Epithelantha bokei

最低温度 3℃／生育型 A

アメリカ南西部
メキシコ北部

チワワ砂漠の石灰岩質の丘などに広く自生する、直径2〜3cmの小型種。細かい白とげが球体を密に覆い、触感はなめらか。胴切りを行って成長点を止めると、写真のような群生株になる。淡ピンクの花を初夏に咲かせる。高温多湿を特に嫌う。

★★★☆☆

かぐや姫(ヒメ)

(エピテランサ・ミクロメリス・アンギニスピナ)

Epithelantha micromeris subsp. *unguispina*

最低温度 3℃／生育型 A

メキシコ(ヌエボ・レオン州)

標高1200m程度の石灰岩質の崖の、岩のすき間に自生する。エピテランサ属のなかでは大型で直径6cm程度になり、群生する。成熟すると成長点付近が綿毛に覆われる。花は鮮やかなピンク。高温多湿を嫌うため、夏は風通しを確保する。

★★☆☆☆

オルテゴカクタス・マクドガリー

Ortegocactus macdougallii

最低温度 3℃／生育型 A

メキシコ
（オアハカ州）

1属1種で、非常に限られた地域に分布する。標高1600～2000mの石灰岩質土壌の草原に自生。球体はエメラルドグリーンで、とげは黒い。直径4cm程度で、群生する。現地では自家受粉するが、日本ではタネがつきにくく、主に株分けでふやす。

★★★☆☆

メロカクタス・サルバドレンシス	標高1000m程度までの、花崗岩の岩場に自生する。最大直径15～25cmになる、中型のメロカクタス。青緑色の肌が美しい。花はマゼンタ色で、自家受粉する。栽培下では10年程度で花座（花をつける部位）を形成する。種小名は地名のサルバドールに由来。
Melocactus salvadorensis	
最低温度 0℃／生育型 B	
ブラジル東部（バイーア州、ミナスジェライス州）	

★★★☆☆

マタンザナス錦（メロカクタス・マタンザナス・バリエゲーテッド）	マタンザナスは亜熱帯気候の海岸線に自生。水を好み、極度の乾燥を嫌うが、過湿にすると根が傷む。小型のメロカクタスで、直径10cm程度で花座を形成。花座を形成すると、球体の成長は止まり、花座のみ縦に伸びる。写真はその斑入り個体。
Melocactus matanzanus variegated	
最低温度 3℃／生育型 B	
キューバ北部	

★★☆☆☆

光琳玉（ギムノカリキウム・スペガジニー・カルデナシアナム）	標高2000～3000mの乾燥地帯の、砂利や岩の谷あいの平野部に分布。球体を覆うように広がる、乳白色の太いとげが魅力。とげの個体差が大きく、とげが太く、長く、力強いほど、評価が高い。肌は独特な灰緑色。最大直径20cm程度。
Gymnocalycium spegazzinii subsp. *cardenasianum*	
最低温度 3℃／生育型 B	
ボリビア	

★★☆☆☆

快竜丸（ギムノカリキウム・ボーデンベンデリアナム）	標高300～1000m程度までの草原や森、岩場の丘などに広く自生する。最大直径7～8cmになる小型のギムノカリキウム。球体は扁平球形で、緑色～茶色、こげ茶色まで、肌の色に変異がある。とげは短く細く、球体に沿うように出る。
Gymnocalycium bodenbenderianum	
最低温度 3℃／生育型 B	
アルゼンチン中部北	

★★☆☆☆

応天門（オウテンモン）

（ギムノカリキウム・カステラノシー・フェロシオール）

Gymnocalycium castellanosii subsp. *ferocior* (syn. *Gymnocalycium hybopleurum* var. *ferocior*)

最低温度 3℃／生育型 B

アルゼンチン

標高500〜1500mの花崗岩の岩山や、砂利の斜面に自生する。球体を覆うように広がる、いかついとげが魅力。最大直径20cm程度になる。丈夫で管理は難しくないが、成長はとても遅い。日焼けを起こしやすいので強光に注意する。

★★☆☆☆

天平丸（テンペイマル）

（ギムノカリキウム・スペガジニー）

Gymnocalycium spegazzinii

最低温度 3℃／生育型 B

ボリビア
アルゼンチン北部

標高1000〜3500mの、砂利や岩の多い台地の平野部に広域に分布。扁平球形で、最大直径25cm程度。球体を覆うように広がるとげが魅力。とげの色には白系、赤茶色、黒などの変異があり、特に黒とげは人気が高い。写真は黒とげ個体。

★★☆☆☆

魔天竜（マテンリュウ）

（ギムノカリキウム・マザネンセ）

Gymnocalycium mazanense

最低温度 3℃／生育型 B

アルゼンチン
（ラ・リオハ）

標高1500〜2500m前後の岩場の斜面や、平野部に分布する。最大直径10〜14cm。球体からそびえ立つように出るとげが魅力。とげの色は白、赤茶、黒など、多くの変異がある。写真は愛知県で作出された強刺の「守金（モリガネ）魔天竜」と呼ばれる個体。

★★★☆☆

バリスピナム

（ギムノカリキウム・オコテレナエ）

Gymnocalycium ochoterenae

最低温度 3℃／生育型 B

アルゼンチン北中部

近年、G・バリスピナムを含む多くの種がG・オコテレナエに統合された。バリスピナムは直径10cm程度。肌の色は灰緑色から茶褐色で、扁平に育つ。とげは立ち上りながら湾曲するが、変異が多い。牡丹玉系統と同様の遮光を施す（59〜79ページ参照）。

★★☆☆☆

黒刺鳳頭綴化
（ギムノカリキウム・ステラーツム・クレステッド）

Gymnocalycium stellatum crested

最低温度 3℃／生育型 B

アルゼンチン中部

近年、ほかの多くの種とともにG・ステラーツムに統合された。黒刺鳳頭は鳳頭の園芸品種で、静岡県で作出された。漆黒の太く短いとげが特徴。球体は扁平に育ち、栽培下の直径は10cm程度。成長速度は遅い。写真はその綴化固体。

★★☆☆☆

翠晃冠錦
（ギムノカリキウム・アニシトシー・バリエゲーテッド）

Gymnocalycium anisitsii variegated

最低温度 3℃／生育型 B

パラグアイ

G・アニシトシーはブラジル、ボリビア、パラグアイの広域に分布する種。そのうち、パラグアイに分布するタイプが翠晃冠。直径10cm程度になり、ギムノカリキウムのなかでは成長は早い。写真はその斑入り個体。斑入り個体の成長は遅い。

★★☆☆☆

新天地錦
（ギムノカリキウム・サグリオニス・バリエゲーテッド）

Gymnocalycium saglionis variegated

最低温度 3℃／生育型 B

アルゼンチン、ボリビア

新天地は低地から標高2500mの、岩の多い山の斜面や平野部に分布する。最大直径30～40cmになる、大型のギムノカリキウム。写真はその斑入り個体。斑は鮮やかな黄色で、深い緑色の肌とのコントラストが美しく、人気がある。日焼けに注意。

★★★☆☆

LB2178交配錦
（ギムノカリキウム・フリードリッヒー・バリエゲーテッド）

Gymnocalycium friedrichii variegated × *G. friedrichii* LB2178

最低温度 3℃／生育型 B

交配種

パラグアイ東部で見つかった、牡丹玉の新タイプ「LB2178」は、従来の牡丹玉よりも模様や色合いが美しい。このLB2178と、緋牡丹錦（87ページ参照）とをタイで交配したものがLB2178交配錦。斑は赤や黄で、とても鮮やか。

★★★☆☆

コピアポア・グリセオヴィオラセア	ウァスコ川周辺で2010年に発見され、2011年に記載された新種。黒紫色の肌に、黒いとげが球体を覆うように湾曲して生える。漆黒のとげに覆われる姿がとても魅力的。C・エキノイデスの変異の一つとする説もあり、分類が確立されていない。
Copiapoa griseoviolacea	
最低温度 3℃／生育型 B	
チリ北中部	

★★★☆☆

黒士冠（コクシカン） (コピアポア・ディアルバータ)	コピアポの南、海岸線から少し内陸にかけて、丘の斜面に大きな群落を形成する。白灰色〜白みがかった緑色の球体と、黒く長いとげが特徴。最大直径10cm程度で、群生する。自生地では100頭以上の群生株(直径約3m)が無数に存在する。
Copiapoa dealbata	
最低温度 3℃/生育型 B	
チリ (カリザルバボ北部)	

★★★☆☆

弧竜丸（コリュウマル） (コピアポア・シネレア・コルムナアルバ)	シフンチョの南東、内陸のアタカマ砂漠の砂地の平野部に、広大な群落を形成している。白灰色〜黄褐色の球体から、2cmほどの短いとげを出す。とげは黒や黄色で、とげの数はあまり多くない。最大直径20cm程度で、ほとんど子吹きしない。
Copiapoa cinerea var. *columna-alba*	
最低温度 3℃/生育型 B	
チリ北部 (エスメラルダ近郊)	

★★★☆☆

コピアポア・ヒポガエア	タルタルの南、内陸部の標高500m前後に分布。最大直径4〜5cmの小型コピアポアで、群生する。茶〜緑褐色の扁平球形。成長点付近にのみ数mmのとげをつける。黄花。ザラ肌の強い個体は「リザード・スキン」と呼ばれ、評価が高い。
Copiapoa hypogaea	
最低温度 3℃/生育型 B	
チリ (アタカマ州北部)	

★★★☆☆

コピアポア・ラウィ	沿岸の丘の、砂利の平野部に分布する。コピアポア属の最小種。直径1〜2cmになり、群生する。球体は灰色で、白い綿毛に覆われる。以前はC・ヒポガエアの亜種、変種扱いだったが、現在は種として独立。丈夫だが、非常に徒長しやすい。
Copiapoa laui	
最低温度 3℃/生育型 B	
チリ北部	

★★★☆☆

雷血丸（ライケツマル） （コピアポア・クラインジアーナ）	タルタルの北、沿岸の丘〜山脈の限られた場所にのみ分布する。灰色〜灰緑色の球体が、柔らかい真っ白なとげに密に覆われる。最大直径10cmを超え、群生する。透明感のある黄花。多湿を特に嫌うため、風通しのよい場所で管理する。
Copiapoa krainziana	
最低温度 3℃／生育型 B	
チリ北部 （アントファガスタ州）	

★★★☆☆

五百津玉（イオツギョク）
（エリオシケ・アウラタ）

Eriosyce aurata
(syn. *Eriosyce ihotzkyanae*)

最低温度 3℃／生育型 B

チリ

内陸部から、アンデスの標高3000m程度まで、広域に分布。さまざまな変異があり、以前はタイプごとに分類されていたが、現在はE・アウラタに統合されている。写真は旧E・イオツキアナエで、緑肌に灰～黒色のとげ。流通苗は大半がつぎ木。

★★★☆☆

極光丸（キョッコウマル）
（エリオシケ・アウラタ）

Eriosyce aurata
(syn. *Eriosyce ceratistes*)

最低温度 3℃／生育型 B

チリ

E・アウラタのうち、旧E・セラティステスとして分類されていたタイプ。新とげは赤茶～黄色で、その後、灰色になる。現地では、球体を覆いつくすようにとげが生える。最大直径50cm程度。エリオシケ属は全般に成長が非常に遅い。流通苗は大半がつぎ木。

★★★☆☆

エリオシケ・オディエリ

Eriosyce odieri
(syn. *Neochilenia odieri*, *Neoporteria odieri*)

最低温度 3℃／生育型 B

チリ北部

アタカマ砂漠の限られた地域の、砂利の平野部や斜面に分布する。最大直径5cm程度の小型種で、黒緑色の肌が特徴。ピンクがかった白花。以前はネオチレニア属やネオポルテリア属に分類されていたが、現在はエリオシケ属に統合されている。

★★★☆☆

エリオシケ・オクルタ

Eriosyce occulta (syn. *Neoporteria occulta*, *Neochilenia occulta*)

最低温度 3℃／生育型 B

チリ北部

アタカマ砂漠、アントファガスタ近郊の、砂利の平野部や斜面に分布する。最大直径5cm程度の小型種。黒紫色の肌と、球体から突起する稜が特徴。オレンジ色がかった白花。以前はネオチレニア属やネオポルテリア属に分類されていた。

ユーベルマニア・ペクチニフェラ

Uebelmannia pectinifera

最低温度 3℃／生育型 B

ブラジル
（ミナスジェライス州）

標高700〜1300mの乾燥した岩場や、砂利の平野に分布。ごく限られた場所にのみ自生するが、違法採取によって絶滅の危機に瀕している。紫がかった茶色の肌と、刺座が縦に連なる独特の姿が魅力。最大直径15cm、高さ50cm程度。

★★★☆☆

防人冠（サキモリカン）

（ディスコカクタス・エステベシー）

Discocactus heptacanthus
(syn. *Discocactus estevesii*)

最低温度 5℃／生育型 C

ボリビア、ブラジル、
パラグアイ

D・ヘプタカンサスはアンデス山脈東側に広範囲に点在し、さまざまなタイプがある。防人冠（D・エステベシー）はその1タイプ。ディスコカクタス属特有の平べったい球状で、成熟すると成長点付近に花座を形成する。

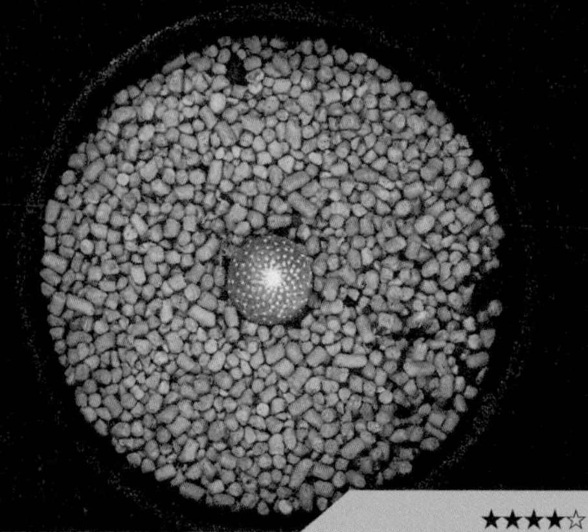

★★★★☆

松露玉

(ブロスフェルディア リリプターナ)

Blossfeldia liliputana

最低温度 3℃／生育型 A

ボリビア南部
アルゼンチン北西部

アンデス山脈のとても乾燥した、岩だらけの斜面などに自生。最小のサボテンで直径1cm強にしかならず、群生する。つぎ木個体は4～5倍の大きさになる。最も原始的な玉型サボテンとされ、コケが育つような湿った環境を好む。乾燥期は湿度を上げる。

★★☆☆☆

士童

(フライレア・カスタネア)

Frailea castanea

最低温度 3℃／生育型 B

ウルグアイ
ブラジル南部

標高300m程度の、岩場の平原に自生する。直径3～4cmの小型サボテンで、あまり群生しない。こげ茶～赤緑色の扁平な球体で、球体よりも根が肥大する。自家受粉するのが特徴で、蕾のまま開花しなくても、タネができることがある。

★★☆☆☆

菫丸錦、芍薬丸錦

(パロジア・ウェルネリ・バリエゲーテッド)

Parodia werneri variegated
(syn. *Notocactus uebelmannianus* variegated)

最低温度 3℃／生育型 B

ブラジル
(リオ・グランデ・ド・スル州)

菫丸(芍薬丸)は岩場の平野部に分布する。扁平球体で、光沢のある深い緑色。直径15cm程度になる。直径5cmほどの、とてもきれいな濃紫花を咲かせる。関東では「菫丸」、関西では「芍薬丸」の名で呼ばれる。写真はその斑入り個体。

★★★☆☆

レブチア・ヘリオーサ

Rebutia heliosa

最低温度 3℃／生育型 A

ボリビア

アンデス山脈の、標高3000m近くの山岳地帯に分布。直径2～3cmの円筒形になり、群生する。茶色の刺座に覆われるが、その上から細かな白とげが出るため、きれいなシルバーグレーに見える。4～5月に濃いオレンジ色の花を多数咲かせる。

★★★☆☆

白鯨丸

(レブチア・ミヌスクラ cv.)

Rebutia minuscula cv.
(syn. *Rebutia albispina* cv.)

最低温度 3℃/生育型 A

アルゼンチン北部

宝山(R・ミヌスクラ)はアンデス山脈標高1000～3000mのユンガスの森に分布する。高山性で高温多湿を嫌い、夏の蒸れに注意が必要。直径2cm程度になり、群生する。花は赤オレンジ色。白鯨丸は宝山から生じた、とげがより白く細かい個体。

陽盛丸

(ロビビア・ファマチメンシス)

Lobivia famatimensis

最低温度 3℃/生育型 B

アルゼンチン

アンデス山脈標高1000～3000mの、岩場の草原に分布する。直径、高さともに3cm程度の小型のサボテンで、あまり群生しない。細く短いとげが球体に沿うように出る。成長は非常に遅い。外弁が赤みを帯びた黄花を、初夏に咲かせる。

★★★★☆

紫ラウシー

(スルコレブチア・カニグエラリー)

Sulcorebutia canigueralii
(syn. *Sulcorebutia rauschii* f. *violacidermis*)

最低温度 3℃/生育型 A

ボリビア

アンデス山脈標高2700mのスクレ近郊に分布する。肌の色は緑～赤紫色まで変異あり。直径3cm程度の小型種だが、群生する。花は赤～紫色でとても美しい。日照不足で徒長しやすいが、真夏は日焼けさせやすい。写真は濃い紫色のタイプ。

★★★☆☆

セニリス

(スルコレブチア・カニグエラリー・クリスパタ)

Sulcorebutia canigueralii subsp. *crispata* (syn. *Sulcorebutia tarabucoensis* var. *senilis*)

最低温度 3℃/生育型 A

ボリビア

アンデス山脈標高2500m前後の、石の斜面に分布する。直径3cm程度になり、群生する。球体を覆いつくす白いひげのようなとげが特徴。とげで覆われているため、日焼けしにくいが徒長しやすい。異名の変種小名「セニリス」で呼ばれることが多い。

Columnar cactus

柱サボテン

柱状に成長するサボテンの総称。
幼苗のうちから柱状に成長する。
園芸上の分け方であり、厳密な定義ではない。
ウチワサボテンから進化し、
水分を多く蓄えられるように
円柱状になっている。

★★☆☆☆

ユーリキニア・カスタネア・スピラリス

(ユーリキニア・カスタネア・バリスピラリス)

Eulychnia castanea f. *varispiralis*

最低温度 3℃／生育型 B

チリ中南部

E・カスタネアは海岸線沿いに分布する、大型の柱サボテン。鋭いとげにびっしりと覆われる。暑さ寒さにとても強い。スピラリスは成長点がらせん状に伸び、楕円体を積み重ねたような株姿になるモンストロース個体。柱サボテンとしては成長が遅い。

★☆☆☆☆

弁慶柱

（カーネギア・ギガンテア）

Carnegiea gigantea

最低温度 0℃／生育型B

アメリカ南西部
メキシコ北西部

最も有名な、巨大な柱サボテン。ソノラ砂漠の乾燥した地域、岩の斜面や砂利の平野部に自生する。現地では最大直径70cm以上、高さ15m以上に達する。成長は遅く、特に鉢植え管理では1年に数cmしか伸びないが、丈夫で管理しやすい。

★★☆☆☆

紫太陽

（エキノケレウス・リギディシムス・ルビスピナス）

Echinocereus rigidissimus subsp. *rubispinus*

最低温度 0℃／生育型 B

メキシコ北部

チワワ砂漠の石灰岩質土壌に自生する、小型の柱サボテン。最大直径7〜8cm、高さは20cmを超える程度。成熟すると群生する。赤紫色のとげに覆われたきれいな球体と、大輪底白の濃ピンク花がとても美しい。多湿を嫌う。夏の風通しを確保する。

★☆☆☆☆

翁丸

（ケファロケレウス・セニリス）

Cephalocereus senilis

最低温度 0℃／生育型B

メキシコ中部

乾燥した石灰岩の、渓谷や丘に自生する。現地では最大直径50cm、高さ15mを超える、大型の柱サボテン。白いとげは長くて柔らかく、髪のように球体を覆っているのが特徴。基本的に単頭で、あまり群生しない。成長はとても遅い。黄花で夜に咲く。

★☆☆☆☆

スピラリス

（セレウス・ペルビアナス・トルローサス）

Cereus peruvianus var. *turtuosus*

最低温度 0℃／生育型 B

ペルー、ブラジル、
ボリビア、アルゼンチンなど

鬼面角（C・ペルビアナス）は南米中部の広域に自生する、流通量の多い柱サボテン。高さ10m。スピラリスは、成長点がらせん状に伸び、ねじれた株姿になる。右巻き株、左巻き株のほか、巻く向きを途中で変える株も存在する。高さ4〜5m。

★☆☆☆☆

幻楽（ゲンラク） （エスポストア・メラノステラ）	アンデス山脈西斜面の標高1000m前後に広く自生する。球体は灰緑色だが、綿毛で密に覆われ、真っ白な柱サボテンに見える。綿毛の間から、黄色い中刺が突き出るのが特徴。最大直径10cm、高さ1m程度。まれに2mを超える。丈夫で育てやすい。
Espostoa melanostele (syn. *Pseudoespostoa melanostele*)	
最低温度 0℃／生育型B	
ペルー	

★☆☆☆☆

彩煌柱（サイオウチュウ） （ハーゲオケレウス・シュードメラノステラ）	近年、ほかの多くの種とともにH・シュードメラノステラに統合された。アンデス山脈西斜面、ペルーの中央部の岩の斜面や平野部に自生する。最大直径8cm、高さ90cm程度になり、群生する。金色のとげに覆われた姿が美しい。暑さ寒さにとても強く育てやすい。
Haageocereus pseudomelanostele (syn. *Haageocereus chrysacanthus*)	
最低温度 3℃／生育型B	
ペルー中部	

★★☆☆☆

ピグマエオケレウス・ビーブリー	乾燥した高原、岩場の丘に自生する。2006年に記載されたばかりの新種。直径5〜6cmの小型の柱サボテンだが、縦にはほとんど伸びず、高さ10cm程度。地中に塊根をもち、乾季は上部が縮んで地中に隠れてしまう。花は純白で夜咲き。
Pygmaeocereus bieblii	
最低温度 3℃／生育型B	
ペルー	

★☆☆☆☆

アズレウス柱（チュウ） （ピロソケレウス・パキクラダス）	最大直径15cm、高さ6mを超え、枝分かれする。美しいターコイズブルーの肌が特徴で、人気が高い。日にしっかりと当てると、肌の発色がよくなる。株が成熟すると刺座の綿毛が発達し、稜の頂点を覆うようになる。高さ1m以上にならないと開花しない。
Pilosocereus pachycladus	
最低温度 0℃／生育型B	
ブラジル東部	

★☆☆☆☆

竜神木綴化

(ミルチロカクタス・ゲオメトリザンス・クレステッド)

Myrtillocactus geometrizans crested

最低温度 5℃／生育型B

メキシコ

竜神木は、標高1000〜2000mの広域に自生する。最大直径30cm、高さ5mを超え、樹木のように枝分かれする。粉を吹いた青銅色のきれいな肌が特徴。つぎ木の台木としては寿命がとても長く、最も汎用性がある。写真はその綴化個体。

★★☆☆☆

残雪の峯

(セレウス・スペガジニー・クレステッド)

Cereus spegazzinii crested
(syn. *Monvillea spegazzinii* crested)

最低温度 0℃／生育型B

アルゼンチン、ボリビア、ブラジル、パラグアイ

C・スペガジニーは、乾燥した森林部に自生。直径2cm、長さ2m近くになる細長い柱サボテン(斜め上に伸びることもある)。群生する。残雪の峯はその綴化個体。肌は濃い緑色や青色で、紫色を帯びる。成長点を覆う、白い綿毛が印象的。

★☆☆☆☆

武倫柱綴化

(パキケレウス・プリングレー・クレステッド)

Pachycereus pringlei crested

最低温度 0℃／生育型 B

メキシコ
(バハ・カリフォルニア半島、ソノラ州)

武倫柱はバハ・カリフォルニア半島全域と、ソノラ州の沿岸帯に多く自生。最大直径2m、高さ20mの記録あり。最大級のサボテンで、200年以上生きると考えられている。群生する。写真はその綴化個体だが、右側の球体は先祖返りしている。

Pereskioideae, Opuntioideae

コノハサボテン、ウチワサボテン

コノハサボテンは、
コノハサボテン亜科に分類されるサボテン。
最も原始的なサボテンで、葉をもつ。
樹木のような姿のもの、
葉や幹が少し肉厚になったものがある。
ウチワサボテンは、ウチワサボテン亜科に
分類されるサボテン。コノハサボテンから進化し、
結節が連なるように成長する。

★★★☆☆

笛吹（フエフキ） **(マイフェニア・ポエピギー)**	コノハサボテン。標高2000m前後の非常に乾燥した、火山灰の平野や台地に分布。白いとげをもつ直径1〜2cmの枝分かれする茎が、マット状に広がる。レモンイエロー花。霜や雪が降るような場所に自生する。夏の高温多湿に特に注意が必要。
Maihuenia poeppigii	
最低温度 0℃／生育型 A	
パタゴニア地方 (チリ、アルゼンチン)	

★★☆☆☆

オプンチア・バシラリス

Opuntia basilaris

最低温度 0℃／生育型 B

アメリカ南西部
メキシコ北西部

ウチワサボテン。標高1000mを超える、極度に乾燥した砂利や岩の、谷や平野に自生する。青緑色の肌と、ローズパープルの花がとても美しい。ウチワサボテン特有の非常に細かいとげを無数にもつ。寒さにとても強いが、蒸し暑さに注意する。

★★☆☆☆

黒肌ガラパゴス団扇

（オプンチア・ガラパゲイア）

Opuntia galapageia

最低温度 5℃／生育型 B

エクアドル
（ガラパゴス諸島）

ウチワサボテン。低地から高地まで広域に分布する。自生地では、結節1枚が幅30cm、高さ40cmにもなる。1枚の結節が出す結節は1年に1つ。肌の色はグレーがかった黒で、人気が高い。ガラパゴスゾウガメの食物として有名。

★★☆☆☆

ガラパゴス金刺団扇

（オプンチア・エキオス）

Opuntia echios

最低温度 5℃／生育型 B

エクアドル
（ガラパゴス諸島）

ウチワサボテン。ガラパゴス諸島の固有種で、島ごとに変異がある。黒緑色の肌に黄とげで、結節が縦に連なるのが特徴。大型。現地では大きくなると下部は木のような形状になり、樹木から枝が出るように結節が出る。高さ12mにもなる。

★★★☆☆

白桃扇

（オプンチア・ミクロダシス・アルビスピナ）

Opuntia microdasys var. *albispina*

最低温度 0℃／生育型 A

メキシコ北部中部

ウチワサボテン。金烏帽子（O・ミクロダシス）は、標高2000m前後の乾燥した丘に自生。白桃扇は栽培下で出現した白とげタイプ。海外でも「バニーカクタス」の名で広く栽培されている。蒸し暑さを嫌うため、夏は涼しい場所で管理する。

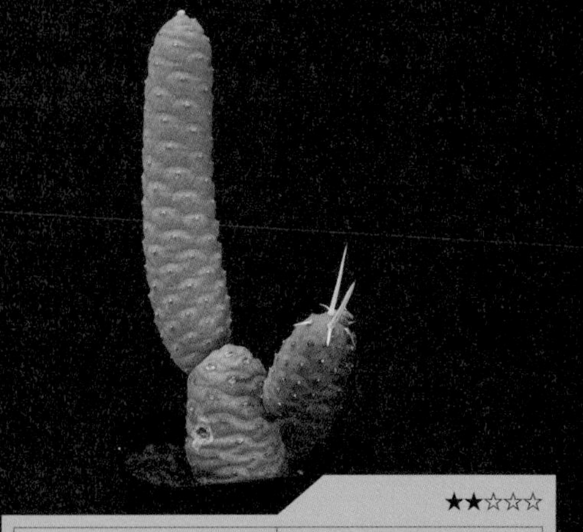

★★☆☆☆

松笠団扇（マツカサウチワ）
（テフロカクタス・アーティクラータス・イネルミス）

Tephrocactus articulatus var. *inermis*

最低温度 0℃／生育型 A

アルゼンチン西部

ウチワサボテン。武蔵野（ムサシノ）（T.・アーティクラータス）は、標高1000m前後の岩山の斜面に自生する。松笠団扇は栽培下で出現した、とげのないタイプ。円筒形の結節が連なる。結節は外れやすいが、さし木が容易。蒸し暑さを嫌う。

★★☆☆☆

蛮将殿（バンショウデン）
（テフロカクタス・アレキサンデリ）

Tephrocactus alexanderi

最低温度 0℃／生育型 A

アルゼンチン北部

ウチワサボテン。標高1000～2000mの、乾燥した岩だらけの土壌に自生する。1つの結節は直径3cm程度の球形～卵形で、灰緑色。強烈なとげに覆われる。結節は外れやすいので、大きな株にしたければ注意して扱う。寒さにとても強い。

★★☆☆☆

テフロカクタス・ゲオメトリクス

Tephrocactus geometricus

最低温度 0℃／生育型 A

アルゼンチンと
ボリビアの国境付近

ウチワサボテン。標高2000～3000mの、極度の乾燥地に自生。肌は紫がかった緑色。球形～卵形の結節が連なる。成長は非常に遅く、1つの結節から1年に1つも新たな結節を出さないことがある。とげの有無や色、長さなど、さまざまな変異がある。

★★★★☆

マイフェニオプシス・ボンニアエ

Maihueniopsis bonnieae
(syn. *Puna bonnieae*)

最低温度 −5℃／生育型 A

アルゼンチン
（カタマルカ州）

ウチワサボテン。標高2500～3300mの岩場に分布する。乾燥した冷涼地で、ほとんど雨が降らない。結節は3cm弱。青緑の肌色。夏に蒸れで腐らせやすい。実生株は太く長い根をもつ。流通株の多くは、ウチワサボテン属の台木につがれている。

Tuberous cactus

塊根性サボテン

土中に大きな塊根を形成する、
異質なサボテン。
冬の休眠期には地上部の茎は
枯れて塊根だけになり、
成長期に入ると新芽を出す。

★★★★☆

黒竜（コクリュウ） **（プテロカクタス・ツベローサス）**	標高2500mまで広く自生し、塊根から細い芽を出す。現地では塊根が土中に埋まる。塊根をもつサボテンは数属あるが、冬に地上部が枯れ、塊根のみになって休眠するのはプテロカクタス属だけ。高温多湿を嫌う。芽でさし木ができる。
Pterocactus tuberosus	
最低温度 −5℃／生育型 A	
アルゼンチン北部 パタゴニア地方北部	

自生地のサボテン

サボテンには乾燥地帯の平地に分布するイメージがありますが、その多くは高山性で、冬に雪が積もるような場所にも自生しています。北米、南米の厳しい環境で生き抜くサボテン本来の姿を、栽培の参考にしてください。

チリ

弧竜丸

Copiapoa cinerea var. columna-alba

エスメラルダにある自生地で撮影。砂地の平坦な荒野に、数万株が広がるさまは圧巻。太陽が北を通るため、株の頭はそろって北を向いている。「弧竜丸」は群生しにくいことに由来するが、自生地には群生株もある。基本種の黒王丸(105ページ参照)に似た個体も混在している。 (36ページ参照)

T. Yamashiro

メキシコ

ジョンストン玉

Ferocactus johnstonianus

バハ・カリフォルニア半島東部のアンヘル・デ・ラ・グアルダ島で撮影。とげは黄色だが、赤とげの個体もわずかながら確認されている。200株程度しか現存しないとされ、絶滅が危惧されている。見つけるのは容易ではない。 （16ページ参照）

チリ

コピアポア・ギガンテア

Copiapoa haseltoniana
(syn. *C. gigantea*)

タルタル北部にある群生地で撮影。砂利と岩で形成され、海が荒れると潮水をかぶる。写真はたまたま見つけた、群生の一部が綴化した珍しい個体。綴化は自然界にも存在する。 （107ページ参照）

ペルー

老楽（オイラク）

Espostoa lanata

ワラス近郊のアンデス山脈の中腹で撮影。山の斜面に生え最大で高さ7m近く、直径25cmを超える。雨季が数か月続くが、岩と砂利の斜面で土中にそれほど水分を残さない。 （107ページ参照）

メキシコ

金鯱

Echinocactus grusonii

サカテカス州のラス・タブラス渓谷で撮影。標高1100m程度の石灰岩質土壌。岩壁の割れ目に根を張っている。大きな株は1頭が直径50〜60cmになるが、重い球体を支えきれずに落下し、崖の下で枯死する。

（12ページ参照）

メキシコ

黒牡丹

Ariocarpus kotschoubeyanus
(syn. *Roseocactus kotschoubeyanus*)

ケレタロ州カデレイタ近郊で撮影。標高2000m程度。球体の上部だけを地上に出して光合成を行う。まわりの土や石に同化した色になっているため、開花していなければ、見つけにくい。

（24ページ参照）

アメリカ

大竜冠

Echinocactus polycephalus

ラスベガスから西へ100kmほどのデスバレー国立公園近郊で、3月に撮影。現地では雪をかぶった姿は珍しくない。春の生育再開は雪解け水によって始まる。自生地で氷点下に耐えるサボテンは多い。

（14ページ参照）

chapter 3

12か月栽培ナビ

毎月の手入れと管理の方法を、
3つの生育型（96ページ参照）に
分けて説明します。

アストロフィツム・カプトメデューサエ（107ページ参照） *Astrophytum caput-medusae*

サボテンの年間の管理暦

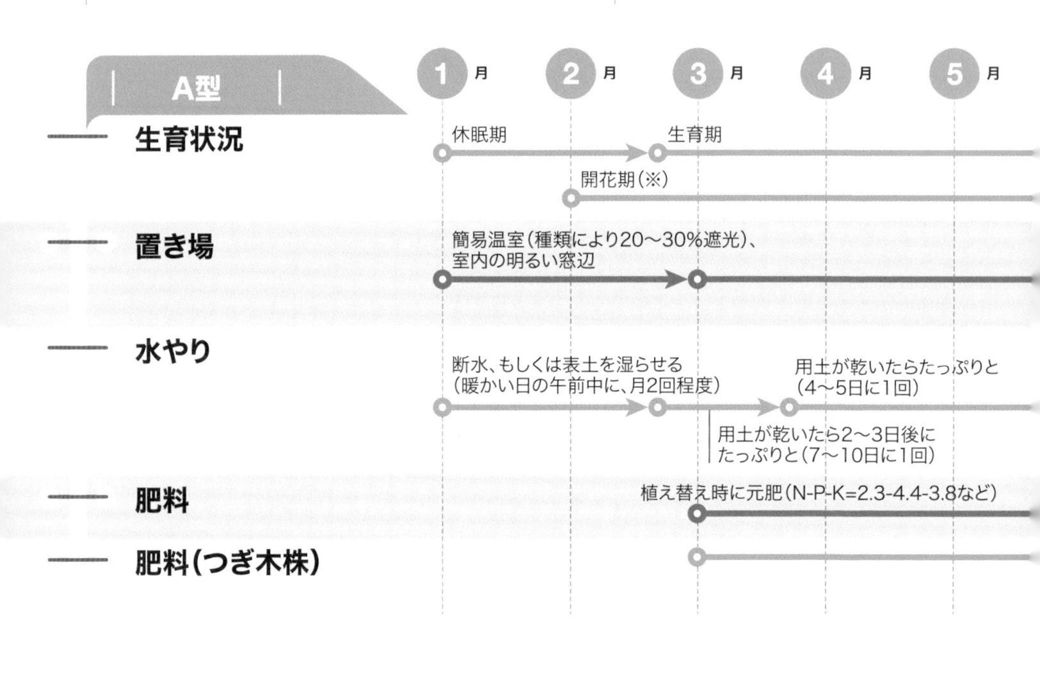

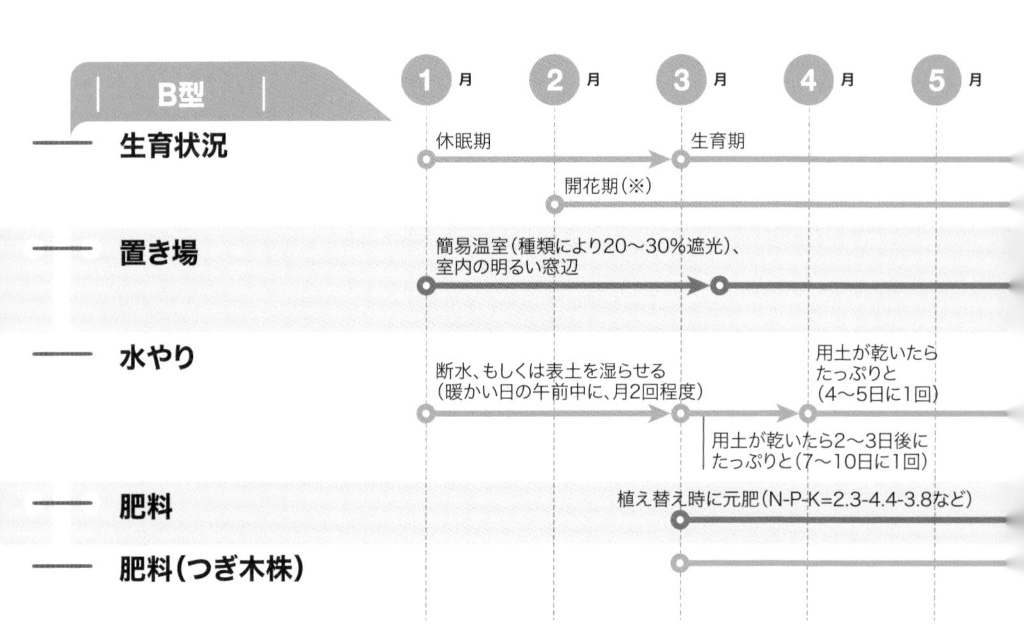

A型／低温に耐性があり、高温を嫌う種類
（レブチア、マミラリアの一部、笛吹、オプンチアの一部、テフロカクタスの一部など）
B型／低温にも高温にも耐性のある強健な種類、低温も高温も特に苦手としない種類（A、C型以外の種類）
C型／高温を好む種類（兜丸、牡丹類、ロフォフォラなど）、低温を嫌う種類

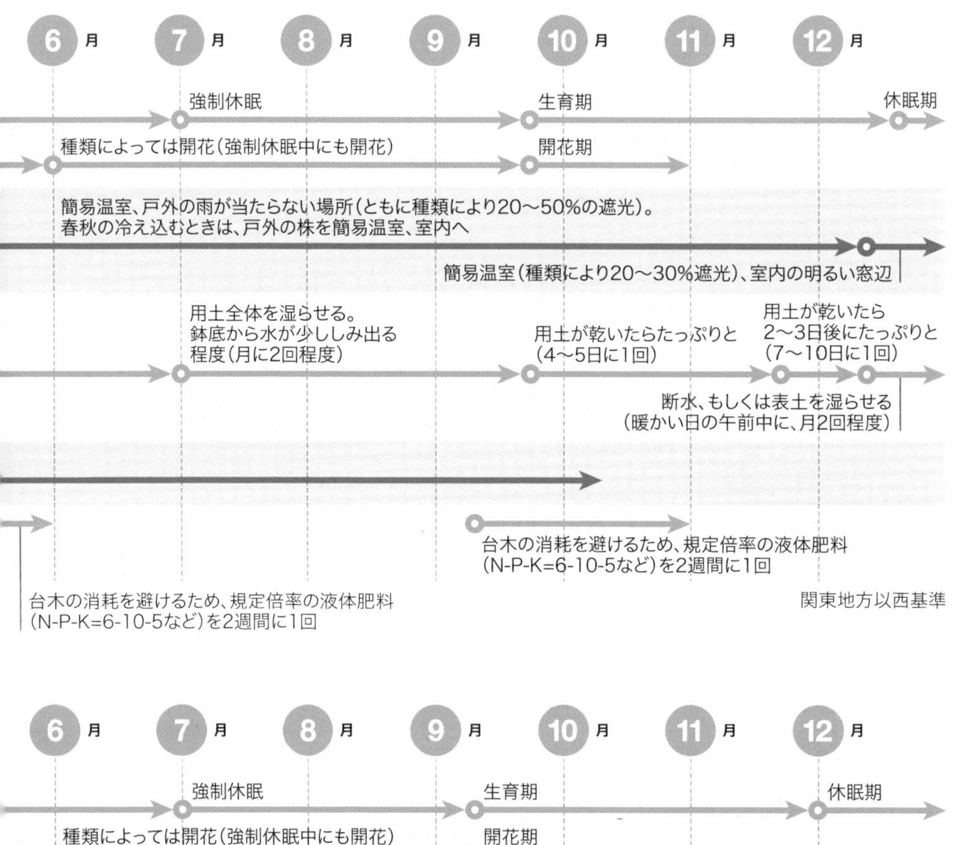

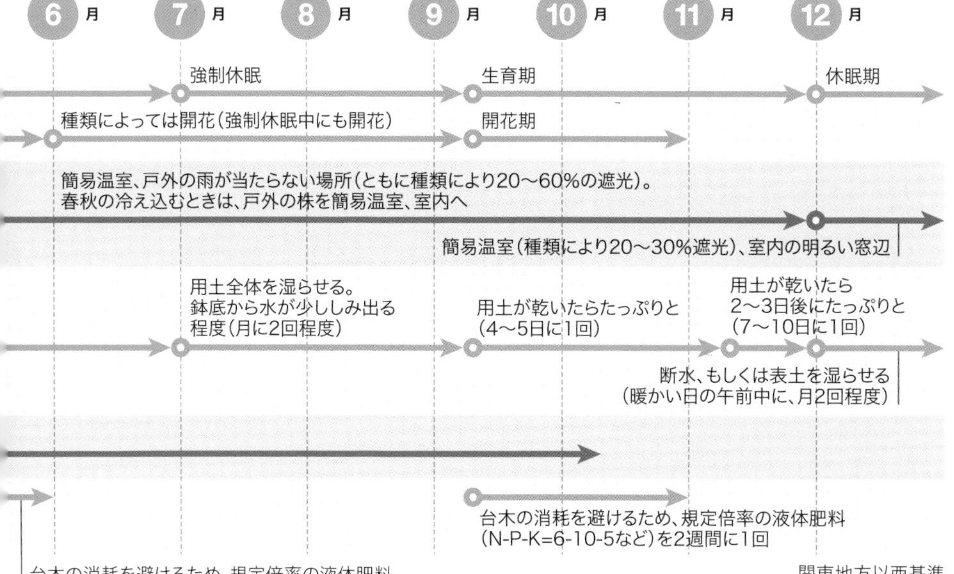

A型、B型、C型の特徴については96〜97ページ参照。
※A型、B型は簡易温室ではほぼ通年開花。

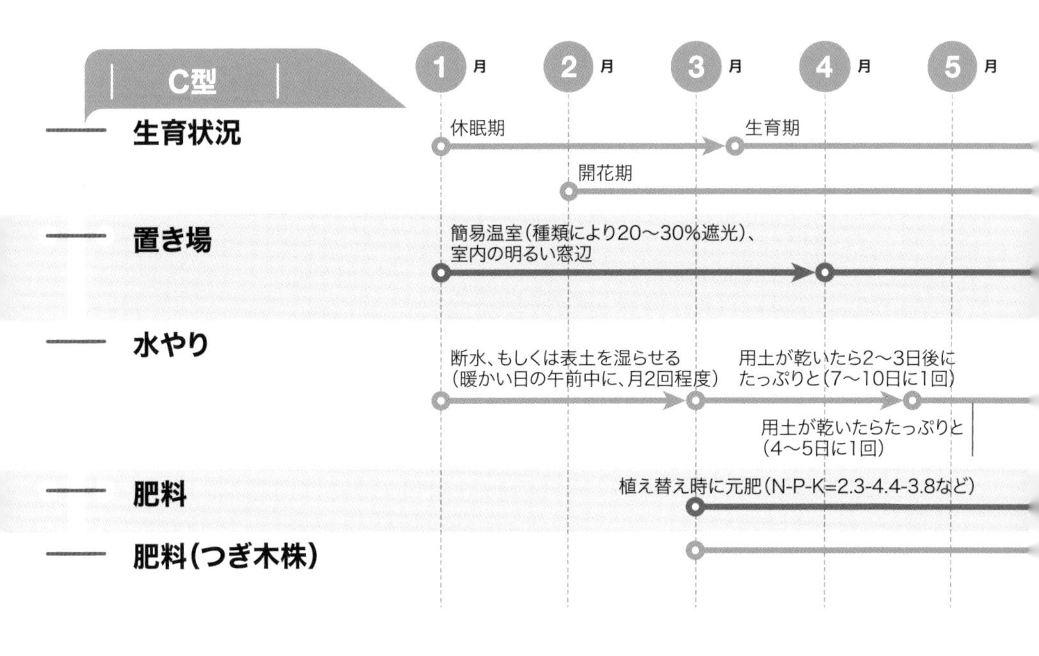

サボテンの年間の作業暦

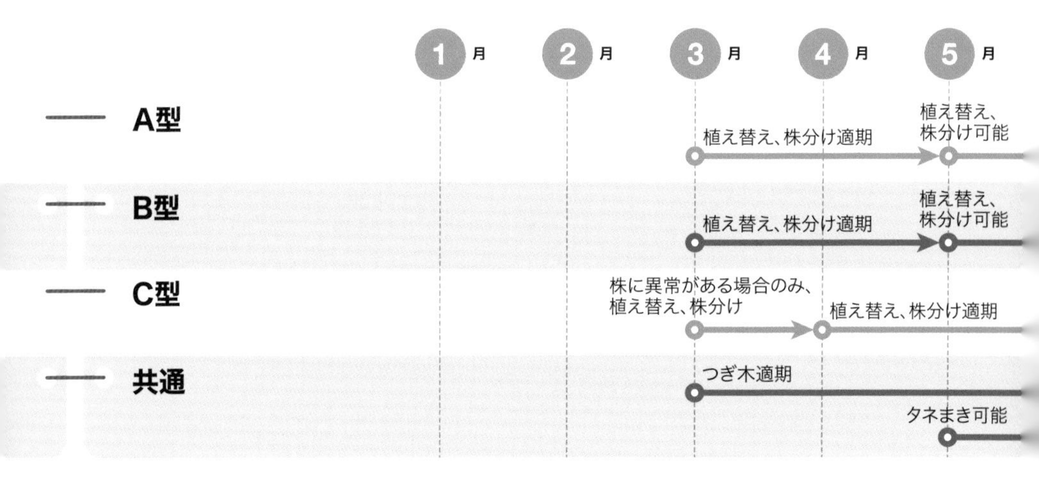

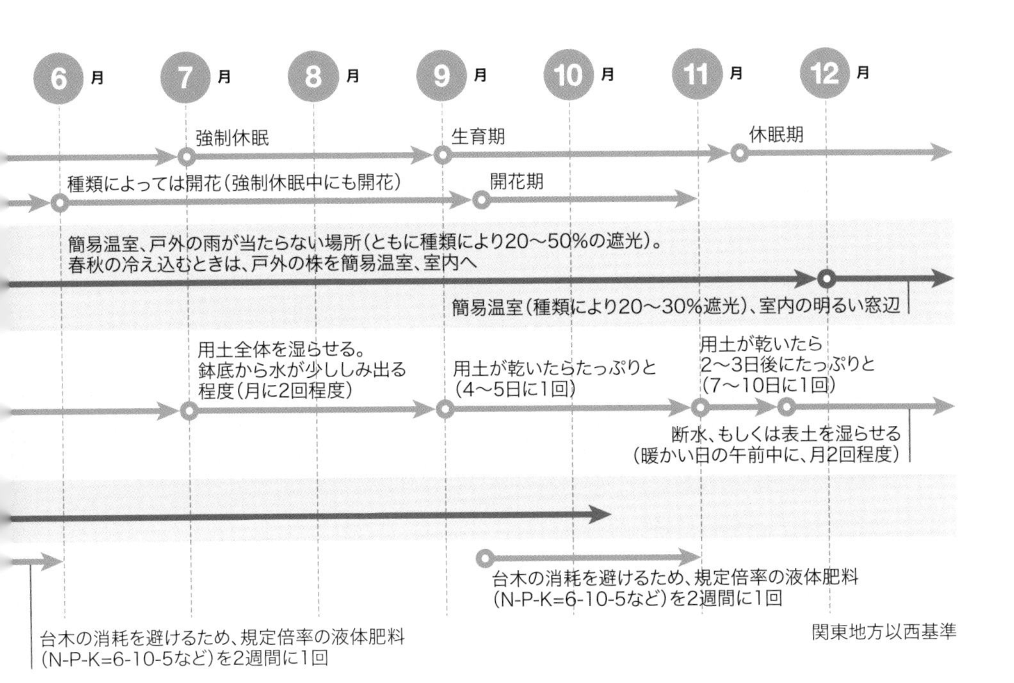
6月
7月
8月
9月
10月
11月
12月
強制休眠
生育期
休眠期
種類によっては開花(強制休眠中にも開花)
開花期
簡易温室、戸外の雨が当たらない場所(ともに種類により20〜50%の遮光)。
春秋の冷え込むときは、戸外の株を簡易温室、室内へ
簡易温室(種類により20〜30%遮光)、室内の明るい窓辺
用土全体を湿らせる。
鉢底から水が少ししみ出る
程度(月に2回程度)
用土が乾いたらたっぷりと
(4〜5日に1回)
用土が乾いたら
2〜3日後にたっぷりと
(7〜10日に1回)
断水、もしくは表土を湿らせる
(暖かい日の午前中に、月2回程度)
台木の消耗を避けるため、規定倍率の液体肥料
(N-P-K=6-10-5など)を2週間に1回
関東地方以西基準
台木の消耗を避けるため、規定倍率の液体肥料
(N-P-K=6-10-5など)を2週間に1回

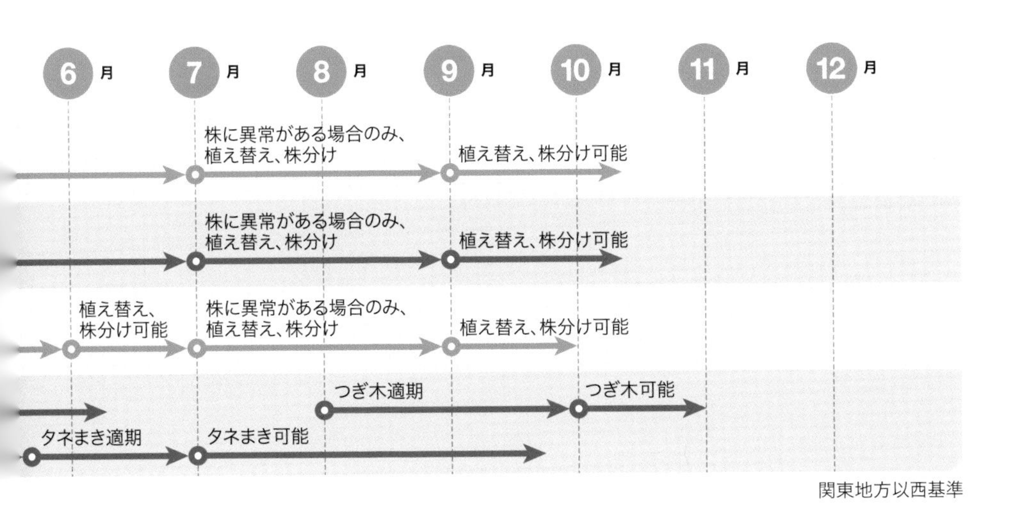
6月
7月
8月
9月
10月
11月
12月
株に異常がある場合のみ、
植え替え、株分け
植え替え、株分け可能
株に異常がある場合のみ、
植え替え、株分け
植え替え、株分け可能
植え替え、
株分け可能
株に異常がある場合のみ、
植え替え、株分け
植え替え、株分け可能
つぎ木適期
つぎ木可能
タネまき適期
タネまき可能
関東地方以西基準

1月 January

Cactus

1月のサボテン

休眠中です。断水によって球体にしわが寄る種類と、見た目が変わらない種類とに分かれます。日ざしによく当てると、春に咲く種類の花つきがよくなります。簡易温室では、玉翁（下段、22ページ参照）に蕾がつき始めます。

★★☆☆☆

玉翁綴化（タマオキナテッカ）
（マミラリア・ハフニアーナ・クレステッド）

Mammillaria hahniana crested

最低温度 3℃／生育型 B

メキシコ中部

玉翁は森林の斜面に自生。白毛で覆われ、栽培下では直径15cmを超える。写真はその綴化個体。

今月の手入れ

A型、B型、C型
行いません。

この病害虫に注意

赤腐病（あかくされ） （103ページ参照）

赤腐病を発症して縮んだ個体（左）と、健全な個体（右）。赤腐病は、休眠中の水のやりすぎで起こりやすい。写真は明星（ミョウジョウ）（マミラリア・シーディアナ、107ページ参照）。

発症した個体は、内部全体が腐っていた。全体に広がると、回復させることはできない。

今月の栽培環境・管理

置き場

A型

●**簡易温室がない場合**／霜や凍結、寒風を避け、株の温度低下を防ぐため、室内の明るい場所で管理します。加温は行いません。光量が不足し、軟弱に育ちがちです。日中にできるだけ長く、株や鉢に日ざしが当たる場所を選び、株や、根のまわりの用土の温度を上げましょう。晴れた日の日中、気温10℃以上になったら、戸外に出して直射日光に当てます。

●**簡易温室がある場合**／簡易温室で管理します。

B型

●**簡易温室がない場合**／A型に準じます。牡丹玉系統（ギムノカリキウム属の一部）など、日陰を好む種類を戸外に出すときは、20〜30％の遮光を施します（室内では遮光不要）。

●**簡易温室がある場合**／A型に準じます。牡丹玉系統など、日陰を好む種類は20〜30％の遮光を施します。

C型

●**簡易温室がない場合**／霜や凍結、寒風を避け、株の温度低下を防ぐため、室内の明るい場所で管理します。加温は行いません。光量が不足し、軟弱に育ちがちです。日中にできるだけ長く、株や鉢に日ざしが当たる場所を選び、株や、根のまわりの用土の温度を上げましょう。冷え込む夜間は窓際から離します。

●**簡易温室がある場合**／A型に準じます。

水やり

A型、B型、C型

断水するか、暖かい日の午前中に月2回程度、表土を湿らせます（101ページ参照）。休眠期の水やりは、与えすぎると根腐れを起こすおそれがありますが、うまく管理できれば、断水した株よりも春の生育がよくなります。

発芽後1〜2年の実生株は、断水すると干からびるおそれがあるので、週に1回、暖かい日の午前中に、表土を湿らせます。

月2回程度、表土を湿らせると、春の生育がよくなる。写真は刺無王冠竜（トゲナシオウカンリュウ）（B型）。

肥料

A型、B型、C型

施しません。

2月 February

Cactus

2月のサボテン

休眠中です。球体にしわが寄る種類と、見た目が変わらない種類とに分かれます。春に咲く種類は日ざしによく当てます。簡易温室では、玉翁（22、58ページ参照）、月影丸（A型、22ページ参照）、金洋丸（B型、下段参照）などが2月下旬から開花します。

★☆☆☆☆

金洋丸
（マミラリア・マークシアーナ）

Mammillaria marksiana

最低温度 3℃／生育型 B

メキシコ北中部西側

標高500〜2000mに自生。三角錐の疣で覆われ、すき間が白毛で埋まる。栽培下では直径20cmになる。

今月の手入れ

A型、B型、C型
行いません。

column

毛が発達したサボテンの水やり

刺座から伸びた毛が発達したサボテンは、毛をぬらさないように、用土に直接、水を与える。鉢を回しながら与えるとよい。写真は烏羽玉（23ページ参照）。

毛がぬれないように管理している烏羽玉。毛がふわふわしている。

水やり時に毛をぬらしている烏羽玉。毛が筆先のようになっている。

今月の栽培環境・管理

置き場

A型

●簡易温室がない場合／霜や凍結、寒風を避け、株の温度低下を防ぐため、室内の明るい場所で管理します。加温は行いません。光量が不足し、軟弱に育ちがちです。日中にできるだけ長く、株や鉢に日ざしが当たる場所を選び、株や、根のまわりの用土の温度を上げましょう。晴れた日の日中、気温10℃以上になったら、戸外に出して直射日光に当てます。

●簡易温室がある場合／2月下旬ごろから日ざしが強くなり、天気がよい日には小さな簡易温室は温度が一気に上昇します。簡易温室内が30℃を超える場合は、換気を行いましょう。

B型

●簡易温室がない場合／A型に準じます。牡丹玉系統など、日陰を好む種類を戸外に出すときは、20〜30%の遮光（101ページ）を施します。室内では遮光不要です。

●簡易温室がある場合／A型に準じます。牡丹玉系統など、日陰を好む種類は20〜30%の遮光を施します。

C型

●簡易温室がない場合／霜や凍結、寒風を避け、株の温度低下を防ぐため、室内の明るい場所で管理します。加温は行いません。光量が不足し、軟弱に育ちがちです。日中にできるだけ長く、株や鉢に日ざしが当たる場所を選び、株や、根のまわりの用土の温度を上げましょう。冷え込む夜間は窓際から離します。

●簡易温室がある場合／A型に準じます。

水やり

発芽後1〜2年の実生株は、断水すると干からびるおそれがあるので、週に1回、暖かい日の午前中に、表土を湿らせます。

A型

2月上・中旬は断水するか、暖かい日の午前中に月2回程度、表土を湿らせます。休眠期の水やりは、与えすぎると根腐れを起こすおそれがありますが、うまく管理できれば、断水した株よりも春の生育がよくなります。

2月下旬からはゆるやかに活動を再開するので、用土が乾いたら2〜3日後に、晴れた暖かい日を選んで水を与えます（101ページ参照）。目安は7〜10日に1回。鉢底から水が流れ出るくらい与えます。

B型、C型

断水するか、暖かい日の午前中に月2回程度、表土を湿らせます。

肥料

A型、B型、C型

施しません。

3月 March

Cactus

3月のサボテン

最高気温15℃を超える日が続くと、A型、B型が生育を再開し、生育旺盛になっていきます。20℃前後でC型もゆるやかに生育を始めます。水やりを始めると、縮んでいた株は少しずつふくれてきます。マミラリア属（A型、B型）などが、3月中旬から開花します。

★★☆☆☆

紅小町（ベニコマチ）
（パロジア・スコパ）

Parodia scopa
(syn. *Notocactus scopa* var. *ruberrimus*)

最低温度 0℃／生育型 B

ブラジル、ウルグアイ、パラグアイ、アルゼンチン

濃緑色の球体、刺座の白に赤い中刺が映える。黄花が3月から咲く。最大直径10cm。円柱状に育つ。

今月の手入れ

A型、B型

植え替え、株分け、つぎ木の適期です（82、84、86ページ参照）。植え替え、株分けを行った株は日焼けを起こしやすいので、遮光を施し、用土が乾きにくいので、水の与えすぎに注意します。

C型

株に異常がある場合のみ、植え替え、株分けを行います。つぎ木の適期です。

この症状に注意

身割れ

生育再開時にいきなり水をたっぷりと与えると、植物体内部の成長に、表皮の成長が追いつかず、表皮が裂けることがある。与える水量を徐々にふやすと身割れが起きにくい。身割れが生じたら、風に当てて傷口を乾燥させる。写真は亀甲兜（C型）。

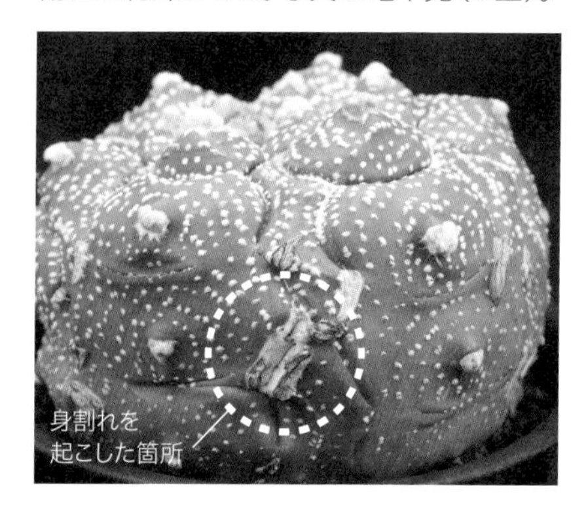

今月の栽培環境・管理

置き場

A型

●簡易温室がない場合／戸外で管理します。雨の当たらない、日当たりと風通しのよい場所を選びましょう。直射日光にいきなり当てると日焼けを起こします。遮光を施し、直射日光に少しずつ慣らします。霜や凍結、寒風を避けるため、必要に応じて夜間は室内に取り込みます。

●簡易温室がある場合／晴れた日の日中は開口部を開け、風通しを確保するとともに、簡易温室内の温度が上がりすぎないようにします。霜や凍結、寒風を避けるため、夜間は開口部を閉めます。

B型

●簡易温室がない場合／3月上旬は室内の明るい場所で管理し、3月中旬以降はA型に準じます。牡丹玉系統など、日陰を好む種類を戸外に出すときは、20〜30%の遮光を施します。

●簡易温室がある場合／A型に準じます。牡丹玉系統など、日陰を好む種類は20〜30%の遮光を施します。

C型

●簡易温室がない場合／室内の明るい場所で管理します。晴れた日の日中、気温15℃以上になったら、戸外に出して直射日光に当てます。日焼けに注意し、必要に応じて20〜30%の遮光を施します。

●簡易温室がある場合／A型に準じます。

水やり

A型

3月上・中旬は、用土が乾いたら2〜3日後に、水をたっぷりと与えます。目安は7〜10日に1回です。鉢底から水が流れ出るまで与えます。

3月下旬以降は、用土が乾いたら水をたっぷりと与えます（101ページ参照）。目安は4〜5日に1回です。根が健全であれば、球体が徐々にふくらみます。

B型、C型

用土が乾いたら2〜3日後に、水をたっぷりと与えます。目安は7〜10日に1回です。鉢底から水が流れ出るまで与えます。根が健全であれば、球体が徐々にふくらみます。

肥料

A型、B型、C型

植え替え時に、元肥として緩効性有機質固形肥料（N-P-K=2.3-4.4-3.8など）を施します。

つぎ木株は台木の消耗を避けるため、規定倍率に薄めた液体肥料（N-P-K=6-10-5など）を、2週間に1回、水やり後に施します。

4月 April

Cactus

4月のサボテン

A型、B型は、最も旺盛に成長し、多くの種類が開花します。縮んでいた株もふくらみます。水やりを適切に行っていても株がふくれない場合は、まずは害虫や黒腐病を疑い、次に根を確認しましょう。C型も徐々に生育旺盛になります。

★★★☆☆

暗黒玉（アンコクギョク）
(エリオシケ・サブギボーサ・クラバータ)

Eriosyce subgibbosa subsp. *clavata*
(syn. *Neoporteria clavata*)

最低温度 0℃／生育型 B

チリ中部

灰緑色の球体に黒とげが映え、成熟すると円筒形になる。4月に赤紫花を数多く咲かせる。

今月の手入れ

A型、B型、C型

植え替え、株分け、つぎ木の適期です（82、84、86ページ参照）。植え替え、株分けを行った株は日焼けを起こしやすいので、遮光を施し、用土が乾きにくいので、水の与えすぎに注意します。
花がらは軽く引っ張って簡単に外れるようになったら、取り除きます。

この病害虫に注意

ネジラミ （102ページ参照）

根についた、白いものがネジラミ。植え替え、株分け時に根をよく確認し、見つけしだい防除する。

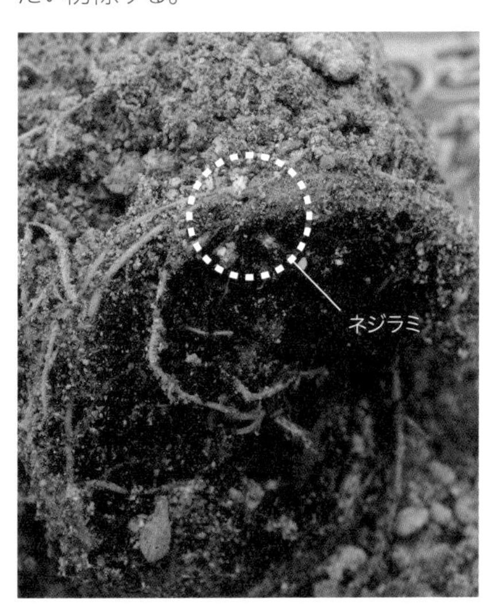

今月の栽培環境・管理

置き場

A型、B型は1年で最も旺盛に生育する時期です。日ざしと風にしっかりと当てて管理します。急に日ざしが強くなってくるので、肌が赤くなるような日焼けの兆候があれば、20〜30%の遮光を施します。4月中旬までは霜や凍結、寒風に注意します。

A型

●簡易温室がない場合／戸外で管理します。雨の当たらない、日当たりと風通しのよい場所を選びましょう。霜や凍結、寒風を避けるため、必要に応じて夜間は室内に取り込みます。

●簡易温室がある場合／開口部を開け、風通しを確保するとともに、簡易温室内の温度が上がりすぎないようにします。霜や凍結、寒風を避けるため、必要に応じて夜間は開口部を閉めます。

B型

●簡易温室がない場合／A型に準じます。牡丹玉系統など、日陰を好む種は30〜40%の遮光を施します。

●簡易温室がある場合／A型に準じます。牡丹玉系統など、日陰を好む種類は30〜40%の遮光を施します。

C型

●簡易温室がない場合／A型に準じます。いきなり直射日光に当てると日焼けを起こすので、遮光を施し、直射日光に少しずつ慣らします。

●簡易温室がある場合／A型に準じます。

水やり

A型、B型

用土が乾いたら水をたっぷりと与えます。目安は4〜5日に1回です。鉢底から水が流れ出るまで与えます。生育旺盛な時期なので、水を多少やりすぎても問題はありません。

C型

4月上・中旬は、用土が乾いたら2〜3日後に、水をたっぷりと与えます。目安は7〜10日に1回です。鉢底から水が流れ出るまで与えます。

4月下旬以降は、用土が乾いたら水をたっぷりと与えます。目安は4〜5日に1回です。鉢底から水が流れ出るまで与えます。

肥料

A型、B型、C型

植え替え時に、元肥として緩効性有機質固形肥料（N-P-K=2.3-4.4-3.8など）を施します。

つぎ木株は台木の消耗を避けるため、規定倍率に薄めた液体肥料（N-P-K=6-10-5など）を、2週間に1回、水やり後に施します。

Cactus

5月のサボテン

C型も生育旺盛になり、すべての生育型が旺盛に生育します。多くのサボテンが開花する時期でもあります。フェロカクタス（B型）など、強刺類はきれいな新とげも楽しめます。日焼けを防ぐため、風通しを確保し、遮光を施しましょう。

★★☆☆☆

白鷺（シラサギ）
（マミラリア・アルビフローラ）

Mammillaria albiflora

最低温度 0℃／生育型 B

メキシコ中部
（グアナフアト州北部）

標高2200mに自生。直径2cm強。ほとんど群生しないが、成長点をつぶすと群生株になる。

今月の手入れ

花がらは軽く引っ張って簡単に外れるようになったら、取り除きます。植え替え、株分けを行った株は日焼けを起こしやすいので、遮光を強めに施し、用土が乾きにくいので、水の与えすぎに注意します。

A型、B型

植え替え、株分けが可能です（82、84ページ参照）。つぎ木の適期です（86ページ参照）。タネまきは5月上・中旬が可能、5月下旬が適期です（93ページ参照）。

C型

植え替え、株分け、つぎ木の適期です。タネまきは5月上・中旬が可能、5月下旬から適期です。

この病害虫に注意

アカダニ （102ページ参照）

アカダニが発生した翠冠玉（23ページ参照）。後方の2株は成長点と球体下部に、手前の株は全体に発生している。

今月の栽培環境・管理

置き場

4月同様、1年で最も旺盛に生育する時期です。徒長を防ぎ、締まった株にするため、日ざしと風にしっかりと当てて管理します。初夏を迎え、日ざしが急に強くなります。肌が赤くなるような日焼けの兆候があれば、遮光率を上げてください。西日も強くなるので、置き場の日の当たり具合を改めてよく確認し、日焼けさせないように注意しましょう。

A型

●**簡易温室がない場合**／戸外で管理します。雨の当たらない、日当たりと風通しのよい場所を選びましょう。30〜50%の遮光を施します。西日が強く当たる場合は、西側に30〜60％の遮光を施し、日焼けを防ぎます（西日の強さは場所によって異なるため、置き場の西日に合わせて遮光率を選ぶ）。

●**簡易温室がある場合**／30〜50%の遮光を施します。西日が強く当たる場合は、西側に30〜60％の遮光を施し、日焼けを防ぎます。開口部を開け、風通しを確保するとともに、簡易温室内の温度が上がりすぎないようにします。

B型

●**簡易温室がない場合**／A型に準じます。牡丹玉系統など、日陰を好む種類は40〜60％の遮光を施します。

●**簡易温室がある場合**／A型に準じます。牡丹玉系統など、日陰を好む種類は40〜60％の遮光を施します。

C型

●**簡易温室がない場合**／A型に準じます。

●**簡易温室がある場合**／A型に準じます。

水やり

A型、B型、C型

用土が乾いたら水をたっぷりと与えます。目安は4〜5日に1回です。鉢底から水が流れ出るまで与えます。生育旺盛な時期なので、水を多少やりすぎても問題ありません。

肥料

A型、B型、C型

植え替え時に、元肥として緩効性有機質固形肥料（N-P-K=2.3-4.4-3.8など）を施します。

つぎ木株は台木の消耗を避けるため、規定倍率に薄めた液体肥料（N-P-K=6-10-5など）を、2週間に1回、水やり後に施します。

6月 June

Cactus

6月のサボテン

どの生育型も旺盛に生育しますが、6月下旬にはA型は生育緩慢になります。梅雨入り後は、用土の過湿や、急な晴れ間の強い日ざしに注意します。コナカイガラムシ、サボテンフクロカイガラムシが多発するのでこまめに防除します。

★★★☆☆

牡丹の舞（ボタンのマイ）
（マミラリア・ベルソルディ）

Mammillaria bertholdii

最低温度 0℃／生育型 B

メキシコ南部
（オアハカ州ミアワトラン）

2014年に記載された新種。標高1500mに分布。櫛状のとげをもつ。流通するのはつぎ木苗が多い。

今月の手入れ

A型、B型、C型

植え替え、株分けが可能です（82、84ページ参照）。6月上旬のみ、つぎ木の適期です（86ページ参照）。タネまきの適期です（93ページ参照）。植え替え、株分けを行った株は日焼けを起こしやすいので、遮光を強めに施し、梅雨入り後、曇天が続くと用土が乾きにくいので、水の与えすぎに注意します。花がらは軽く引っ張って簡単に外れるようになったら、取り除きます。

この病害虫に注意

コナカイガラムシ　（102ページ参照）

球体ではなく、とげに発生することが多い。見つけしだい、使い古しの歯ブラシなどを使って、ていねいに取り除く。写真は衰弱して変形、変色した月影丸（22ページ参照）。

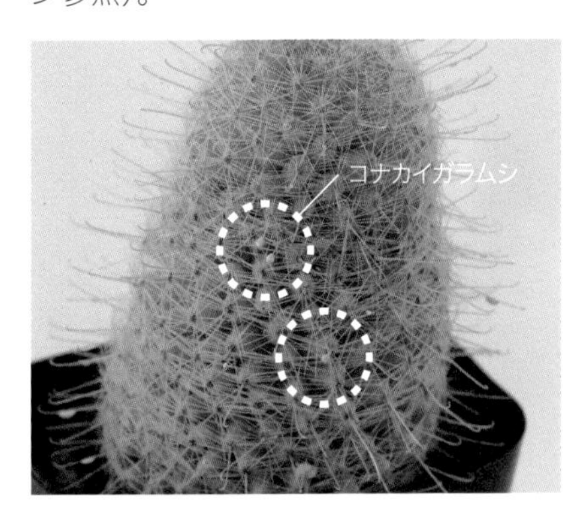

今月の栽培環境・管理

置き場

徒長を防ぎ、締まった株にするため、日ざしと風にしっかりと当てて管理します。肌が赤くなるような日焼けの兆候があれば、遮光率を上げてください。梅雨入り後は、雨が降り続くと株が蒸れやすくなります。風通しをしっかりと確保して、株が蒸れないようにします。梅雨の晴れ間の強い日ざしにも注意しましょう。

A型

●**簡易温室がない場合**／戸外で管理します。雨の当たらない、日当たりと風通しのよい場所を選びましょう。30〜50%の遮光を施します。西日が強く当たる場合は、西側に30〜60%の遮光を施し、日焼けを防ぎます（西日の強さは場所により異なるため、置き場の西日に合わせて遮光率を選ぶ）。

●**簡易温室がある場合**／30〜50%の遮光を施します。西日が強く当たる場合は、西側に30〜60%の遮光を施し、日焼けを防ぎます。開口部を開け風通しを確保するとともに、簡易温室内の温度が上がりすぎないようにします。

B型

●**簡易温室がない場合**／戸外で管理します。雨の当たらない、日当たりと風通しのよい場所を選びましょう。30〜50%の遮光を施します。西日が強く当たる場合は、西側に30〜60%の遮光を施し、日焼けを防ぎます。牡丹玉系統など、日陰を好む種類は40〜60%の遮光を施します。

●**簡易温室がある場合**／30〜50%の遮光を施します。西日が強く当たる場合は、西側に30〜60%の遮光を施し、日焼けを防ぎます。開口部を開け、風通しを確保するとともに、簡易温室内の温度が上がりすぎないようにします。牡丹玉系統など、日陰を好む種類は40〜60%の遮光を施します。

C型

●**簡易温室がない場合**／A型に準じます。

●**簡易温室がある場合**／A型に準じます。

水やり

A型、B型、C型

用土が乾いたら水をたっぷりと与えます。目安は4〜5日に1回です。鉢底から水が流れ出るまで与えます。生育旺盛な時期なので、梅雨入りするまでは、多少やりすぎても問題ありません。

梅雨入り後は、雨が降り続くと、用土が乾きにくくなります。用土が過湿にならないように、水やりの間隔を調節しましょう。

肥料

A型、B型、C型

植え替え時に元肥として緩効性有機質固形肥料（N-P-K=2.3-4.4-3.8など）を施します。

Cactus

7月のサボテン

夜温が下がらなくなってくると、A型は生育を停止し、B型、C型も生育緩慢になります。この時期の日本の気候はサボテン栽培に向いていません。株が腐りやすくなるので、3生育型とも乾かし気味にして強制的に休眠させます。

★★☆☆☆

エキノプシス・フェロックス

Echinopsis ferox (syn. *Lobivia ferox*)

最低温度 −5℃/生育型 B

ボリビア、チリ、アルゼンチン

アンデス山脈の標高2000〜4000mに自生。大きなとげが特徴。花は直径8〜10cm。暑さ寒さに強い。

今月の手入れ

A型、B型、C型

タネまきが可能です(93ページ参照)。株に異常がある場合のみ、植え替え、株分けを行います(82、84ページ参照)。株分けは群生株の一部が傷んでいるときに行ってください。多肉質の主根や、球体下部が傷んでいたら、雑菌の侵入を防ぐため、株を3〜10日乾燥させてから植えつけます。植え替え、株分けを行った株は日焼けを起こしやすいので、遮光を強めに施します。

この病害虫に注意

サボテンフクロカイガラムシ

(102ページ参照)

歯ブラシで軽くこすって落とす。刺座やとげのまわりは、ピンセットでこそぎ落としてもよい。写真は太平丸(13ページ参照)。

今月の栽培環境・管理

置き場

徒長を防ぎ、締まった株にするため、日ざしと風にしっかりと当てて管理します。肌が赤くなるような日焼けの兆候があれば、遮光率を上げてください。雨が降り続くと株が蒸れやすくなります。風通しをしっかりと確保して、株が蒸れないようにします。梅雨の晴れ間や、梅雨明け後の強い日ざしにも注意しましょう。

A型

●簡易温室がない場合／戸外で管理します。雨の当たらない、日当たりと風通しのよい場所を選びましょう。30〜50%の遮光を施します。西日が強く当たる場合は、西側に30〜60%の遮光を施し、日焼けを防ぎます。

●簡易温室がある場合／30〜50%の遮光を施します。西日が強く当たる場合は、西側に30〜60%の遮光を施し、日焼けを防ぎます。開口部を開け、風通しを確保するとともに、簡易温室内の温度が上がりすぎないようにします。簡易温室の開口部を開け忘れた状態で高温になると、サボテンの表面が白く変色し、ぶよぶよになります（「熱焼け」という）。

B型

●簡易温室がない場合／A型に準じます。牡丹玉系統など、日陰を好む種類は40〜60%の遮光を施します。

●簡易温室がある場合／A型に準じます。牡丹玉系統など、日陰を好む種類は40〜60%の遮光を施します。

C型

●簡易温室がない場合／A型に準じます。

●簡易温室がある場合／A型に準じます。

水やり

A型、B型、C型

強制的に休眠させるため、与える水の量、回数を減らします。月に2回程度、水を与え、用土全体を湿らせます（101ページ参照）。目安は鉢底から少ししみ出るくらいです。夕方以降、気温が下がってから与えましょう。梅雨が明けるまでは、雨が降り続くと、用土が乾きにくくなります。用土が過湿にならないように、水やりの間隔を調節しましょう。異常があって植え替え、株分けを行った株は、作業の1週間後に一度、水をたっぷりと与えます。鉢底から水が流れ出るまで与えてください。その後は、月に2回程度、水を与え、用土全体を湿らせます。目安は鉢底から少ししみ出るくらいです。

肥料

A型、B型、C型

株に異常がある場合の植え替え時に、元肥として緩効性有機質固形肥料（N-P-K=2.3-4.4-3.8など）を施します。

August

Cactus

8月のサボテン

高温を好むC型を含め、すべての生育型が、暑さで生育緩慢になり、根腐れを起こしやすくなります。乾かし気味にして強制的に休眠させ、うまく夏越しさせましょう。異常な多湿に対応させるため扇風機をつけるなど、風通しにも注意します。

★★★★☆

ディスコカクタス・ホルスティ

Discocactus horstii

最低温度 8℃／生育型 C

ブラジル
（ミナスジェライス州北部）

扁平な円盤状で直径7〜8cm。芳香のある、夜咲きの白花。成長はとても遅く、寒さを嫌う。

今月の手入れ

A型、B型、C型

つぎ木の適期です（86ページ参照）。タネまきが可能です（93ページ参照）。株に異常がある場合のみ、植え替え、株分けを行います（82、84ページ参照）。株分けは群生株の一部が傷んでいるときに行ってください。多肉質の主根や、球体下部が傷んでいたら、雑菌の侵入を防ぐため、株を3〜10日乾燥させてから植えつけます。植え替え、株分けを行った株は日焼けを起こしやすいので、遮光を強めに施します。

この症状に注意

日焼け

軽い日焼けで、部分的にクリーム色に変色した大祥冠（タイショウカン）（B型）。一度日焼けを起こすと、元には戻らない。

今月の栽培環境・管理

置き場

徒長を防ぎ、締まった株にするため、日ざしと風にしっかりと当てて管理します。特に高温時の多湿による株の蒸れを避けるため、置き場の鉢の間隔をあけ、風通しができるだけよくなるようにします。肌が赤くなるような日焼けの兆候があれば、すぐに遮光率を上げ、日ざしをやわらげてください。

A型

●簡易温室がない場合／戸外で管理します。雨の当たらない、日当たりと風通しのよい場所を選びましょう。30〜50%の遮光を施します。西日が強く当たる場合は、西側に30〜60%の遮光を施し、日焼けを防ぎます。

●簡易温室がある場合／30〜50%の遮光を施します。西日が強く当たる場合は、西側に30〜60%の遮光を施し、日焼けを防ぎます。開口部を開け、風通しを確保するとともに、簡易温室内の温度が上がりすぎないようにします。

B型

●簡易温室がない場合／A型に準じます。牡丹玉系統など、日陰を好む種類は40〜60%の遮光を施します。

●簡易温室がある場合／A型に準じます。牡丹玉系統など、日陰を好む種類は40〜60%の遮光を施します。

C型

●簡易温室がない場合／A型に準じます。

●簡易温室がある場合／A型に準じます。

水やり

A型、B型、C型

強制的に休眠させ続けるため、与える水の量、回数を減らします。月に2回程度、水を与え、用土全体を湿らせます。目安は鉢底から少ししみ出るくらいです。夕方以降、気温が下がってから与えましょう。

高温多湿で気温が下がらない時期に、生育期の水やりを行うと、根腐れを起こして株が傷みます。9月になって夜温が下がれば、生育期の水やりに戻します。

異常があって植え替え、株分けを行った株は、作業の1週間後に一度、水をたっぷりと与えます。鉢底から水が流れ出るまで与えてください。その後は、月に2回程度、水を与え、用土全体を湿らせます。目安は鉢底から少ししみ出るくらいです。

肥料

A型、B型、C型

株に異常がある場合の植え替え時に、元肥として緩効性有機質固形肥料（N-P-K=2.3-4.4-3.8など）を施します。

September

Cactus

9月のサボテン

暑さを好むC型が生育を再開します。A型、B型は休眠管理を続け、夜温の低下とともに徐々に水やりを再開していきます。昼夜の温度差が大きくなる9月下旬からどの生育型も再び生育期に入ります。C型の牡丹類が開花期を迎えます。

★★★★☆

竜角牡丹(リュウカクボタン)
(アリオカルプス・スカフィロストリス)

Ariocarpus scaphirostris

最低温度 5℃/生育型 C

メキシコ北東部
(ヌエボ・レオン州)

栽培下では直径10cm超。大きな塊根をもつ。10〜11月に赤紫花が咲く。栽培が難しい。

今月の手入れ

A型、B型、C型

植え替え、株分けが可能です(82、84ページ参照)。植え替え、株分けを行った株は日焼けを起こしやすいので、遮光を施し、用土が乾きにくいので、水の与えすぎに注意します。つぎ木の適期です(86ページ参照)。9月上・中旬はタネまきが可能です(93ページ参照)。

この病害虫に注意

南米病 (103ページ参照)

南米病を発症した新鳳頭(シンホウガシラ)(ギムノカリキウム・ステラーツム)。

今月の栽培環境・管理

置き場

A型

●簡易温室がない場合／戸外で管理します。雨の当たらない、日当たりと風通しのよい場所を選びましょう。30〜50%の遮光を施します。西日が強く当たる場合は、西側に30〜60%の遮光を施し、日焼けを防ぎます。

●簡易温室がある場合／30〜50%の遮光を施します。西日が強く当たる場合は、西側に30〜60%の遮光を施し、日焼けを防ぎます。開口部を開け、風通しを確保するとともに、簡易温室内の温度が上がりすぎないようにします。

B型

●簡易温室がない場合／A型に準じます。牡丹玉系統など、日陰を好む種類は40〜60%の遮光を施します。

●簡易温室がある場合／A型に準じます。牡丹玉系統など、日陰を好む種類は40〜60%の遮光を施します。

C型

●簡易温室がない場合／A型に準じます。

●簡易温室がある場合／A型に準じます。

水やり

A型

9月上・中旬は強制的に休眠させ続けます。月に2回程度、水を与え、用土全体を湿らせます。目安は鉢底から少ししみ出るくらいです。夕方以降、気温が下がってから与えましょう。

9月下旬以降は生育期の水やりに戻します。用土が乾いたら水をたっぷりと与えます。目安は4〜5日に1回です。鉢底から水が流れ出るまで与えます。

B型

9月上旬は強制的に休眠させ続けます。月に2回程度、水を与え、用土全体を湿らせます。目安は鉢底から少ししみ出るくらいです。夕方以降、気温が下がってから与えましょう。

9月中旬以降は生育期の水やりに戻します。用土が乾いたら水をたっぷりと与えます。目安は4〜5日に1回です。鉢底から水が流れ出るまで与えます。

C型

9月上旬から生育期の水やりに戻します。用土が乾いたら水をたっぷりと与えます。目安は4〜5日に1回です。鉢底から水が流れ出るまで与えます。

肥料

A型、B型、C型

植え替え時に、元肥として緩効性有機質固形肥料（N-P-K=2.3-4.4-3.8など）を施します。つぎ木株は台木の消耗を避けるため、9月中・下旬に、規定倍率に薄めた液体肥料（N-P-K=6-10-5など）を、2週間に1回、水やり後に施します。

10月 October

Cactus

10月のサボテン

牡丹類（アリオカルプス属）が引き続き開花します。どの種もよく成長する時期です。日当たり、風通しのよい場所で管理します。日ざしも柔らかくなってくるので、様子を見ながら遮光率を下げていきます。

★★★★☆

亀甲牡丹（キッコウボタン）
（アリオカルプス・フィスラータス）

Ariocarpus fissuratus

最低温度 3℃／生育型 C

アメリカ（テキサス州）
メキシコ北部

疣の表面がV字形に凸凹になっているのが特徴。非常に成長は遅く、最大直径は20cm程度。10～11月に桃紫色の花を咲かせる。

今月の手入れ

A型、B型

10月上旬まで、植え替え、株分けが可能です（82、84ページ参照）。植え替え、株分けを行った株は日焼けを起こしやすいので、遮光を強めに施し、用土が乾きにくいので、水の与えすぎに注意します。10月下旬まで、つぎ木が可能です（86ページ参照）。

C型

つぎ木が可能です。

この症状に注意

重度の日焼け

夏から秋に日焼けを起こし、腐って枯死した兜丸（19ページ参照）。気づいたときには手遅れの場合もある。

今月の栽培環境・管理

置き場

A型

●簡易温室がない場合／戸外で管理します。雨の当たらない、日当たりと風通しのよい場所を選びましょう。20～30%の遮光を施します。

●簡易温室がある場合／20～30%の遮光を施します。開口部を開け、風通しを確保するとともに、簡易温室内の温度が上がりすぎないようにします。

B型

●簡易温室がない場合／A型に準じます。牡丹玉系統など、日陰を好む種類は30～50%の遮光を施します。

●簡易温室がある場合／A型に準じます。牡丹玉系統など、日陰を好む種類は30～50%の遮光を施します。

C型

●簡易温室がない場合／A型に準じます。

●簡易温室がある場合／A型に準じます。

水やり

秋の長雨が続くと、用土が乾きにくくなります。必要に応じて水やりの間隔を目安よりもあけ、用土の過湿を避けましょう。

A型、B型、C型

用土が乾いたら水をたっぷりと与えます。目安は4～5日に1回です。鉢底から水が流れ出るまで与えます。

肥料

A型、B型、C型

10月上旬の植え替え（A型、B型のみ）時に、元肥として緩効性有機質固形肥料（N-P-K=2.3-4.4-3.8など）を施します。つぎ木株は台木の消耗を避けるため、10月下旬まで規定倍率に薄めた液体肥料（N-P-K=6-10-5など）を、2週間に1回、水やり後に施します。

column

石づけにして楽しむサボテン

軽石に穴をあけてサボテンを植えつけ、自生地の岩場の雰囲気を再現することもできる。使用しているサボテンは、アズキテウム・ヒントニー（奥の6個体、1ページ参照）、花籠（アズテキウム・リッテリー、中央の2個体、28ページ参照）、菊水（手前の3個体、30ページ参照）。

Cactus

11月のサボテン

どの生育型も最低気温が10℃を切ると、生育緩慢になり、C型は休眠期に入ります。水やりの回数、与える水量を減らして休眠管理へ移行する月です。日にしっかりと当てて株を充実させ、休眠期に備えましょう。

★★☆☆☆

牙城丸（ガジョウマル）
(ツルビニカルプス・シュミエディッケアナス・マクロケレ)

Turbinicarpus schmiedickeanus subsp. *macrochele*

最低温度 0℃／生育型 B

メキシコ中部
(サン・ルイス・ポトシ州)

昇竜丸（26ページ参照）の亜種で、昇竜丸より扁平な球形でとげの数が少ない。大きな直根をもつ。

今月の手入れ

A型、B型、C型
行いません。

この病害虫に注意

黒腐病　（103ページ参照）

黒腐病を発症した紫盛丸（シセイマル）（B型）。夏から秋の日焼けによってできた傷口からフザリウム菌が侵入したと考えられる。

今月の栽培環境・管理

置き場

A型

●簡易温室がない場合／戸外で管理します。雨の当たらない、日当たりと風通しのよい場所を選びましょう。20〜30%の遮光を施します。霜や凍結、寒風を避けるため、必要に応じて夜間は室内に取り込みます。

●簡易温室がある場合／20〜30%の遮光を施します。開口部を開け、風通しを確保するとともに、簡易温室内の温度を下げます。霜や凍結、寒風を避けるため、必要に応じて夜間は開口部を閉めます。

B型、C型

●簡易温室がない場合／A型に準じます。戸外での管理は11月で終わりです。12月からは室内で管理します。B型の牡丹玉系統など、日陰を好む種類は30〜50%の遮光を施します。

●簡易温室がある場合／A型に準じます。B型の牡丹玉系統など、日陰を好む種類は30〜50%の遮光を施します。

水やり

発芽後1〜2年の実生株は、断水すると干からびるおそれがあるので、週に1回、暖かい日の午前中に、表土を湿らせます。

A型

11月上旬ごろまでは最適な温度帯となり、旺盛に生育します。11月上・中旬は用土が乾いたら水をたっぷりと与えます。目安は4〜5日に1回です。鉢底から水が流れ出るまで与えます。

11月下旬は用土が乾いたら2〜3日後に、晴れた暖かい日を選んで水をたっぷりと与えます。目安は7〜10日に1回です。鉢底から水が流れ出るくらい与えます。

B型

11月上旬は用土が乾いたら水をたっぷりと与えます。目安は4〜5日に1回です。鉢底から水が流れ出るまで与えます。

11月中・下旬は用土が乾いたら2〜3日後に、晴れた暖かい日を選んで水をたっぷりと与えます。目安は7〜10日に1回です。鉢底から水が流れ出るくらい与えます。

C型

11月上・中旬は、用土が乾いたら2〜3日後に、晴れた暖かい日を選んで水をたっぷりと与えます。目安は7〜10日に1回です。鉢底から水が流れ出るまで与えます。

11月下旬には休眠期の水やりに移行します。断水するか、暖かい日の午前中に月2回程度、表土を湿らせます。休眠期の水やりは、与えすぎると根腐れを起こすおそれがありますが、うまく管理できれば、生育再開が円滑になります。

肥料

A型、B型、C型

施しません。

12月 December

Cactus

12月のサボテン

日ざしが弱くなり、日中も気温が上がらなくなります。生育を停滞させていたサボテンは、最低温度5℃を下回る日が続くと、どの生育型も休眠します。休眠期の水やりに移行すると、球体が縮み始めますが、問題ありません。

★★★★★

ペディオカクタス・ノルトニー

Pediocactus knowltonii

最低温度 0℃/生育型 A

アメリカ(コロラド州)

標高2000m前後に自生。確認されている自生株はとても少ない。栽培環境づくりがとても難しい。

今月の手入れ

A型、B型、C型

行いません。

1年の終わりです。栽培環境や栽培管理に問題がなかったか振り返り、翌年に生かしましょう。

定期的に植え替えを行っていない株は、株の老化が早まり、株の基部が木質化するものもあります(木質化した部分を一般に、茶膜(ちゃまく)と呼ぶ。7ページ黒王丸画像、33ページ天平丸画像参照)。木質化すると見栄えが多少悪くなりますが、本来の姿であり、細菌の侵入を防ぐ効果があります。生育には問題ありません。

column

実生株の水やり

発芽後1〜2年の実生株は、冬の間も、水を与えて管理する。断水すると干からびてしまうので注意。

今月の栽培環境・管理

置き場

A型

●簡易温室がない場合／12月上旬は戸外で管理します。雨の当たらない、日当たりと風通しのよい場所を選びましょう。霜や凍結、寒風を避けるため、必要なら夜間は室内に取り込みます。12月中旬以降は、霜や凍結、寒風を避け、株の温度低下を防ぐため、室内の明るい場所で管理します。加温は行いません。光量が不足し、軟弱に育ちがちです。日中にできるだけ長く、株や鉢に日ざしが当たる場所を選び、株や、根のまわりの用土の温度を上げましょう。晴れた日の日中、気温10℃以上になったら、戸外に出して直射日光に当てます。

●簡易温室がある場合／20～30%の遮光を施します。暖かい晴れた日中は開口部を開け、風通しを確保します。

B型

●簡易温室がない場合／A型の12月中旬以降の管理に準じます。

●簡易温室がある場合／A型に準じます。

C型

●簡易温室がない場合／霜や凍結、寒風を避け、株の温度低下を防ぐため、室内の明るい場所で管理します。加温は行いません。光量が不足し、軟弱に育ちがちです。日中にできるだけ長く、株や鉢に日ざしが当たる場所を選び、株や、根のまわりの用土の温度を上げましょう。冷え込む夜間は窓際から離します。

●簡易温室がある場合／A型に準じます。

水やり

発芽後1～2年の実生株は断水すると干からびてしまうおそれがあるので、暖かい日の午前中に月2回程度、表土を湿らせます。

A型

12月上旬は、用土が乾いたら2～3日後に、晴れた暖かい日を選んで水をたっぷりと与えます。目安は7～10日に1回です。鉢底から水が流れ出るまで与えます。

12月中旬以降は断水するか、暖かい日の午前中に月2回程度、表土を湿らせます。休眠期となる12月中旬以降の水やりは、与えすぎると根腐れを起こすおそれがありますが、断水した株よりも春の生育がよくなります。

B型、C型

断水するか、暖かい日の午前中に月2回程度、表土を湿らせます。休眠期の水やりは、与えすぎると根腐れを起こすおそれがありますが、うまく管理できれば、断水した株よりも春の生育がよくなります。

肥料

A型、B型、C型

施しません。

植え替え

植え替えは用土の劣化や根詰まりを解消するため、成長した株の大きさに見合った鉢に替えるために行います。植え替えを適切に行わないと、とげが貧弱になります。生育が悪いのに地上部に原因が見当たらない場合も植え替えてみましょう。作業は根の種類（83ページ参照）に合わせて行ってください。

作業時期

A型、B型

適期：3～4月

可能：5～6月、9月～10月上旬

株に異常がある場合は7～8月にも行う。

C型

適期：4～5月

可能：6月、9月

株に異常がある場合は3月、7～8月にも行う。

作業を行う株

金鯱

❶ 3.5号ビニールポット植えの金鯱（12ページ参照）。根が鉢内に回っているため、4号プラスチック鉢に植え替える。

❷ 根鉢を抜いた状態。鉢底近くの根が巻いている。とげが痛い場合は、革手袋をはめて作業を行う。

❸ 根鉢をくずし、古い用土を落とす。根を傷つけない。金鯱は丈夫な根が旺盛に伸びるタイプ（83ページ参照）。

❹ ネジラミやネマトーダが発生していないか、よく確認。発生している根は切り取る。残った根は4～5cm残して切る。

❺ 古い用土を落とし、根を切り終わった状態。傷んだ根も切っておく。

❻ 4号プラスチック鉢。鉢底穴が大きい鉢には、小粒のバークチップや軽石を敷く。鉢底が見えなくなる程度でよい。

⑦ 株を新しい鉢の中央に据えながら、用土（99ページ参照）を均等に入れていく。新聞紙で株を押さえてもよい。

⑧ 用土を入れ終わった状態。ウォータースペースを1cm確保して作業完了。水やりは作業1週間後から開始する。

⑨ 化粧砂を表層に敷く場合も、ウォータースペースを1cm確保。見栄え向上、泥はね防止、雑草防止の効果がある。

サボテンの根は
大きく3種類に分ける
ことができます。

● 丈夫な根が旺盛に伸びるもの

根詰まりを起こしやすいため、1～2年に1回、植え替えます。鉢底から根が出ている株は、植え替えが必要です。用土をすべて落とし、根は4～5cm残して切り戻します。傷んでいる根や枯れている根はつけ根から切り取ります（82ページ手順④参照）。

● 多肉質の主根から細根を出すもの

2～3年に1回、植え替えます。太い主根を傷つけないように注意して、用土を軽く落とします。傷んだ根や枯れた根はつけ根から切り取ります。主根が傷ついたら、日陰で3～10日乾かしてから植えつけます。

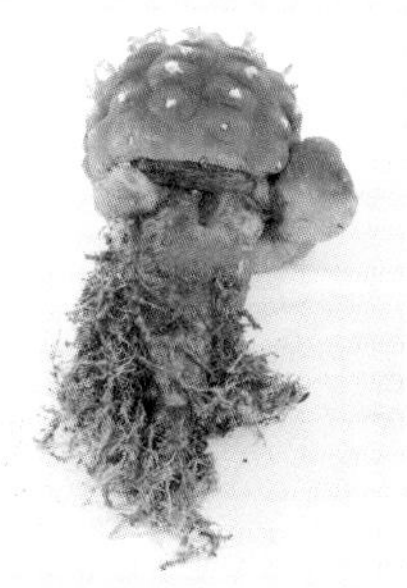

烏羽玉（23ページ参照）

● 細根を出すもの、根が脆弱なもの

3～5年に1回、植え替えます。根がちぎれないようにピンセットなどを使い、用土から持ち上げるようにていねいに抜き上げます。傷んだ根や、枯れた根をつけ根から切り取り、根がちぎれないようにそっと植えつけます。

ゲオヒントニア・メキシカーナ（29ページ参照）

株分け

株分けは株をふやしたいとき、群生株の一部が傷んだときに行います。小さな子株を分けると、発根前に乾燥で傷むおそれがあるので、ある程度の大きさに育った子株を分けましょう。なお、作業に使用した玉翁殿のように、とげが痛くないサボテンは素手で作業ができます。

作業時期

A型、B型

適期:3〜4月

可能:5〜6月、9月〜10月上旬

株に異常がある場合は

7〜8月にも行う。

C型

適期:4〜5月

可能:6月、9月

株に異常がある場合は

3月、7〜8月にも行う。

作業を行う株

玉翁殿

❶ ビニールポット3.5号植えの玉翁殿(22ページ参照)。子株が鉢縁の外に出ているため、株分けが必要。株分けを行わず、4.5号鉢に植え替えてもよい。

❷ 玉翁殿は、多肉質の主根から細根を出すタイプ。古い用土を軽く落とし、傷んだ根や枯れた根を切り取る。

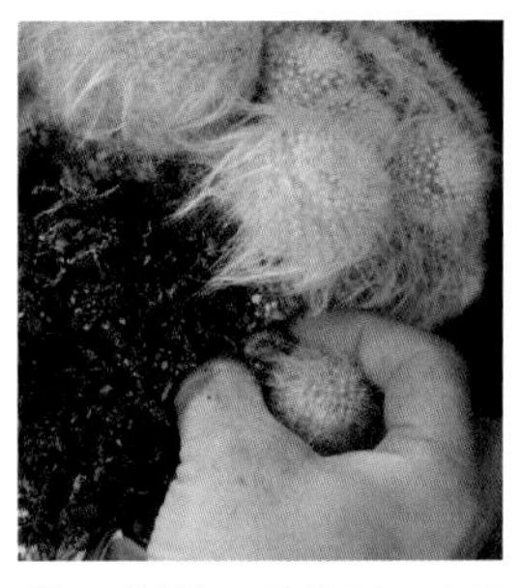

❸ 分けたい子株をしっかりとつかみ、つけ根から折り取る。作業しやすい子株から折り取ればよい。

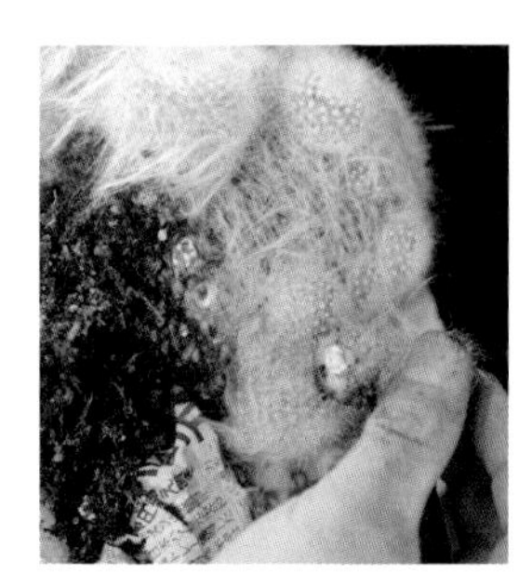

❹ 子株を折り取った状態。玉翁殿のように、傷口から乳液が出るサボテンもある。

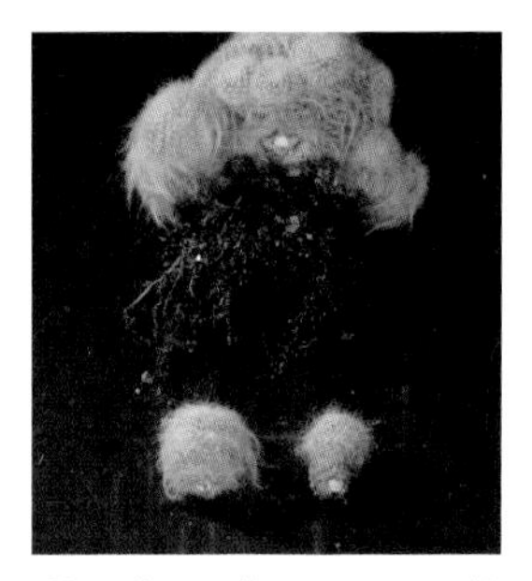

❺ 傷口を乾かすため、子株は風通しのよい日陰で10日程度乾かしてから、植えつける。親株は地上部に傷口があるため、乾燥させずに植えつける。

❻ 植えつけた状態。親株は3.5号プラスチック鉢に植えつけた。子株は寄せ植えにしてもよい。水やりは1週間後。

村主康瑞さん
すぐりこうずい

木製温室内で、サボテンに囲まれる村主さん。画面中央奥が小学1年生で出会った、金鯱。

サボテンに魅せられて63年

サボテンとの出会いは昭和32年(1957年)、村主さんが小学校1年生のときです。当時は第1次サボテンブームの真っただ中で、多くの小学生がサボテンを欲しがり、小遣いで買い求める時代でした。村主少年も憧れの金鯱を夜店で見つけ、15円(現在の貨幣価値で500円程度)で購入。同時期に入手したサボテンが1年後に開花し、その記録を作文にまとめると、先生にとても褒められたそうです。以来、サボテンへの興味を失うことなく現在に至っています。

自生地まで調査に足を運ぶ

ライフワークとなっているのは、メキシコ(ヌエボ・レオン州)のヌエボ・レオン砂漠植物研究博物館と30年以上続けている共同調査です。金鯱の新たな分布地や、新種のサボテンを発見するなど、功績を上げています。サボテンは大きなものを除けば、自生地でもそう簡単には見つかりません。あらかじめ、山の麓、谷あい、大きな川の支流などを頼りに地図で見当をつけておき、現地ではブッシュの陰、岩陰、さらに朝露がかかる場所を探すのが、村主さん流サボテン探しのコツです。

継続して自生地を訪れていると、開発や洪水などで跡形もなく消えてしまった大きなコロニー(群生地)をいくつも目にしています。長く残り続ける「幸せなコロニー」は少なくなっているそうです。「サボテンの声を聴く」が口癖の村主さん。自生地の保全を強く願っています。

つぎ木

切断面の組織を乾かすため、作業当日から3～4日間、晴天が続く日を選んで行います。穂木の固定にマスキングテープを使うと、作業が容易になります。マスキングテープは何色でもかまいません。作業後、穂木がふくらんだら、マスキングテープをていねいに外します。

作業時期

A型、B型、C型

適期：3月～6月上旬、8～9月

可能：10月

作業を行う株

緋牡丹錦（穂木）、竜神木（台木）

1 台木に使う竜神木。よく太った、充実した株を選ぶ。高さ20～30cmのものが扱いやすい。

2 作業を始める前にカッターの刃を、ライターでよくあぶって消毒する。

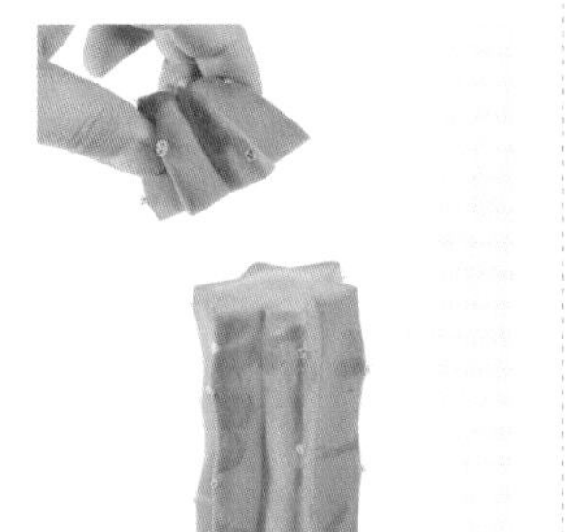

3 台木の上部を水平に切り、先端部を取り除く。切る位置の目安は、先端から2～3cm下。

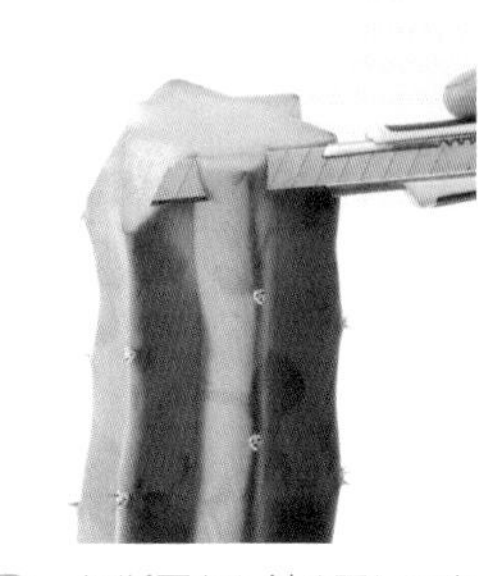

4 切断面から斜め下に刃を入れ、表皮を切り落とす。表皮を残すと、切断面が乾燥沈下したときに、穂木が外れてしまう。

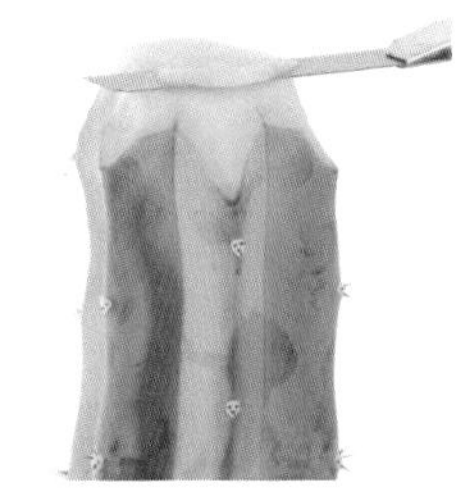

5 切断面をなめらかにするため、再度、水平に薄く切り直す。この切断面が穂木との接着面になる。

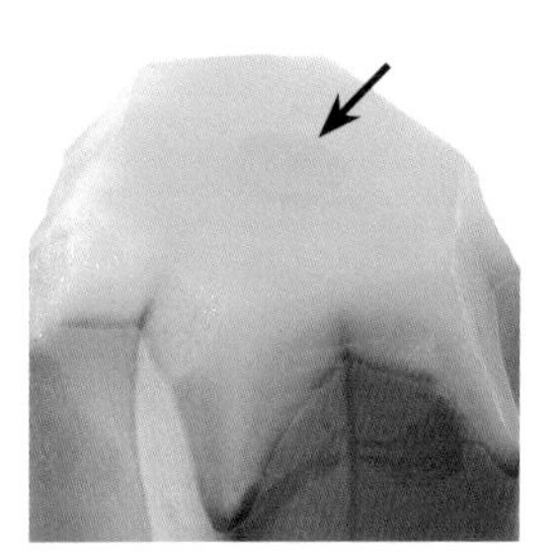

6 切断面中央に見える円の輪郭線（矢印の部分）が、台木の維管束。切断面が乾かないうちに、穂木の調整を行う。

7 株分けでふやした、直径1.5cmの緋牡丹錦。写真手前が株の底部。根はついていない。

緋牡丹錦

写真の株は自根（その株自身から出る根）で栽培されている。

8 穂木の下部4分の1を水平に切り落とす。水平でなければ再度切り戻す。

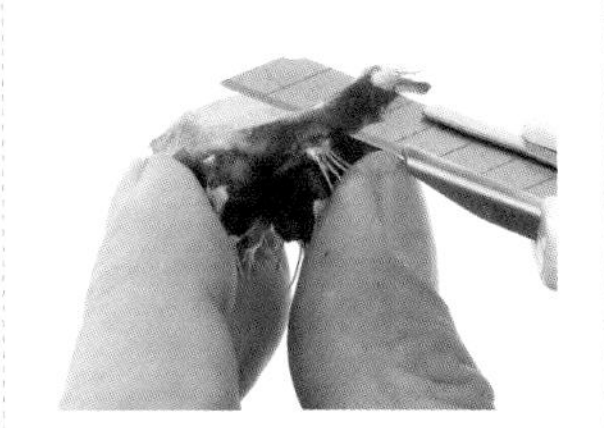

9 穂木の切り口のまわりの表皮をそぐ。

10 台木の維管束と重なるように、穂木を台木にていねいにのせる。雑菌を防ぐため、切り口には触れない。

11 維管束の一部が重なるように、台木の上に穂木をのせた状態。サボテンは、維管束の一部が重なればよい。

12 穂木を押さえつけてマスキングテープを貼る。包帯や伸縮性の糸でもよいが、マスキングテープのほうが作業が容易。

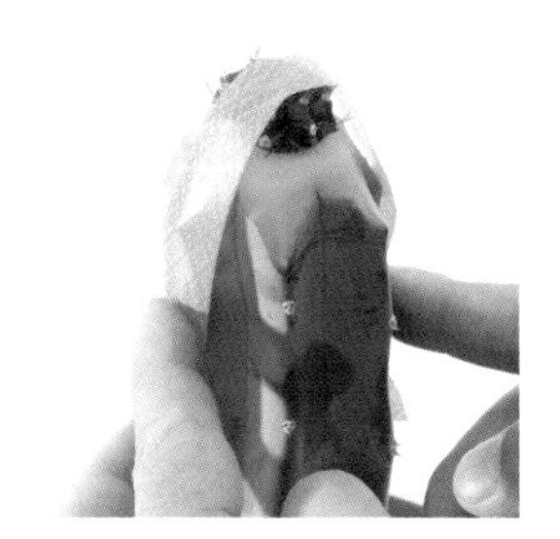

13 維管束の重なりがずれないように注意して、マスキングテープを台木と密着させる。テープをとげに引っ掛けるとよい。

14 マスキングテープを追加し、固定する。風通しのよい日陰で管理し、1週間程度で穂木がふくらんだらテープを外す。

つぎ降ろし

長い台木に穂木がのった姿ではなく、より自然な状態で楽しみたいとき、穂木が大きく育って台木がぐらつくとき、台木が曲がったときなどに、つぎ降ろしを行います。
晴天が続く日を選び、台木を4～5cm残して穂木を切り取ります（発根しにくくなるが、自根で育てる場合は、台木を完全に取り除いてもよい）。切り口を完全に乾かしてから、植えつけます。乾かす期間は、切り口の大きさと作業時期によって異なりますが、目安は1～2週間。植えつけの適期（または植えつけが可能な時期）は、植え替え、株分けと同じです。乾燥に時間がかかるため、適期に植えつけることができるよう、時期を見極めてつぎ降ろしを行ってください。気根が出るまで乾かす方法もあります。

つぎ降ろしした、斑入りのユーベルマニア・ペクチニフェラ（39ページ参照）。この株はつぎ降ろしだとはわかりにくいが、地際に台木が見えるつぎ降ろし株もある。

つぎ木を行う理由

台木の力を借りることで、穂木を早く大きくする、早く開花サイズにしてタネをとる、タネをつけさせても衰弱しないようにする、衰弱した株や傷んだ株の回復を早める、管理が難しい種類を維持する、葉緑素の少ない（または、ない）株を維持するなど、つぎ木を行う理由はさまざまです。

緋牡丹錦（または緋牡丹）と竜神木のキメラを、竜神木についだ株。このキメラ個体は葉緑素が少ないため、つぎ木にしている。つぎ木のキメラは、台木の組織と穂木の組織が癒合することでまれに生じ、台木と穂木の特徴が混ざったものになる。

三角袖ヶ浦（三角柱と袖ヶ浦の交配種）についだ刺無象牙丸（トゲナシゾウゲマル）。この株は、子株を早くふやす目的で、つぎ木にしている。

サボテンの主な台木

丈夫で入手しやすい、
台木に向くサボテンを
紹介します。

基本的にどんなサボテンでも台木にできますが、成長が早く、丈夫で、容易にふやせるものが使われます。具体的には、竜神木（45ページ参照）、袖ヶ浦（*Eriocereus jusbertii*）、三角柱（*Hylocereus trigonus*）、キリンウチワ（*Pereskiopsis velutina*）、大型宝剣（*Opuntia fiscus-indica*）、短毛丸（*Echinopsis eyriesii*）、般若（20ページ参照）、金鯱（12ページ参照）などです。それぞれに穂木との相性、つぎ木する時期、成長の早さ、台木の寿命など、さまざまな特徴があります。ふやしやすく、わりと安価で手に入り、どの種類とも相性がよいのは竜神木と袖ヶ浦で、きわめて長期間、使用できる台木は、竜神木です。

竜神木

どの種のサボテンとも相性がよく、作業できる期間が長く（適期：4月〜6月上旬、8〜9月　可能：10月）、使いやすいです。欠点はカイガラムシが発生しやすいことと、袖ヶ浦に比べると寒さに弱いことです。

袖ヶ浦（ソデガウラ）

どの種のサボテンとも相性がよく、病害虫に強く暑さ寒さにも丈夫です。作業できる期間が短い（適期：3〜4月）のが欠点です。寿命は竜神木よりも短いものの、長く使用することができます。

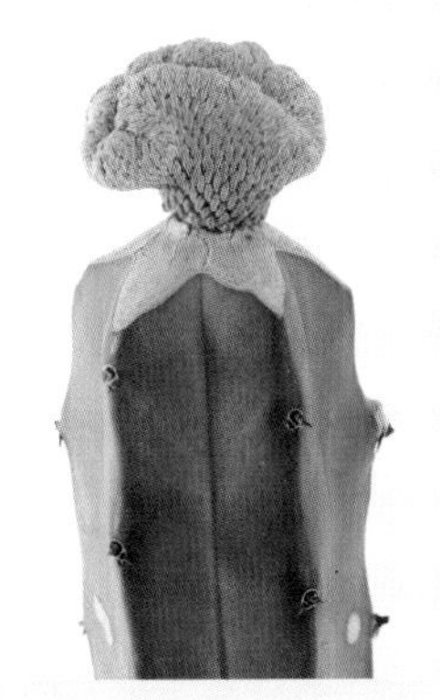
精巧丸（26ページ参照）の綴化個体をついだ竜神木。

袖ヶ浦

台木にするサボテンが長く伸びている場合

先端から20〜30cmの高さで切り戻し、切り取った先端部を乾かしてから植えつけ、十分発根させてから台木に使用する。元株は組織が古いので台木にはせず、新しく伸びた部位を切って台木に使う。

人工授粉

タネを確実につけさせるために行います。多くのサボテンは他家受粉（タネをつけさせるためには、異なる株の花粉が必要）です。開花中の株を2株用意し、綿棒などで花粉をとって、受粉させましょう。

作業時期

A型、B型、C型

適期：開花期

作業を行う株

碧方玉（ヘキホウギョク）

❶ 種子親（タネをつけさせる株）にする碧方玉（108ページ参照）。自家受粉（1株でタネができる）しないので、雄しべを取り除く必要はない。

❷ 花粉親（花粉をとる株）にする碧方玉の雄しべに綿棒を近づけ、綿棒の先端に花粉をつける。

上から見た様子。綿棒に花粉をたっぷりとつける。

❸ 種子親にする碧方玉の雌しべに、花粉親からとった花粉をしっかりとつける。

自家受粉するサボテン

メロカクタス属やブラジリカクタス属などは自家受粉なので、1株あればタネがとれる。写真は、果実（ピンク色の部分）がふくらんだマタンザナス錦（メロカクタス・マタンザナス、32ページ参照）。果実が肥大し、タネの成熟が近い。

團上和孝さん

だんじょうかずたか

温室内につくったサボテンの庭で強刺類（鋭いとげが特徴の玉型サボテン）を愛でる團上さん。

とげの魅力に取りつかれて

サボテンづくり25年目を迎えた團上さん。力強いとげに魅せられた「とげもの」マニアです。11ページのコピアポア・ギガンテアはワシントン条約規制以前に輸入された自生地株で、現在は團上さんの手元にあります。輸入当時は「コピアポア属はほとんど水を与えない」が常識だったため、長年の水分不足による栄養失調で徒長しています。それでも、日本で育てるとこのような風格やサイズにはならないため、今となってはとても貴重。大きな古傷も含め見ごたえがあります。

サボテンは成熟するまでに何十年も要する種が多いため、栽培経験を得るにはそれなりの年数が必要です。このため、「サボテンづくりは先達から学び取ることが大切」と語る團上さん。ご自身も、85ページでご紹介した村主さんのお弟子さんです。現在は團上さんご自身が後進の指導に力を入れています。

こだわるのは水やり

團上さんが特にこだわっているのは水やりです。水が多すぎると刺座の間隔が広がり、少なければ毛細根が枯れて生育が悪くなります。株を最高の状態にするため、「毛細根が枯れる直前まで乾かす」という栽培方法を徹底しています。

1年間の手入れの成否が形になって現れるのは、新とげの季節です。みずみずしさに溢れ、見飽きることがありません。より太く長いとげが出ると大きな達成感が得られると、語る團上さん。これからもサボテンとつき合っていくと心に決めています。

タネの採取

サボテンの果実には、タネが成熟したときに「果肉が乾燥している種類」と「果肉が湿っている種類」とがあります。どちらも散逸する前に採取しましょう。

作業時期

タネが成熟したら行う。

果肉が乾燥している種類

1 タネが成熟すると、果皮が割れる。タネが露出したら、果実を株から外し、タネを取り出す。写真はギムノカリキウム・バッテリー(B型)。

2 果皮やゴミを取り除き、アルコールなどで軽く消毒して乾かす。袋や容器に入れてタネまき時期まで冷暗所で保存する。写真は兜丸のタネ。

タネの採取が遅れ、タネがこぼれ出た状態。放置すると散逸するか、アリに運ばれてしまう。写真はモンスト大白丸(B型)。

果肉が湿っている種類

1 タネが熟すと、果実を軽く引っ張ると抜ける。写真はエピテランサ・ミクロメリス・ネオメキシカーナ(108ページ参照)。

2 引き抜いた果実。果皮を割ってタネを取り出す。この時点では果肉がついたままでよい。

3 細かい目の網(茶こしなど)の上でほぐしながら、流水で果肉を取り除く。タネがつぶれないようにていねいに行う。

タネまき

タネがとれたら、まいてみましょう。用土は、小粒の赤玉土単用（日向土、鹿沼土でも可）です。カビやコケが発生しやすくなるので、肥料は施しません。日陰か、50%の遮光下で管理します。

作業時期

A型、B型、C型

適期：5月下旬～6月

可能：5月上旬～中旬、7月～9月中旬

1 用土を浅めの鉢に入れ、熱湯をかけて消毒。冷めたら、タネを均等にまく。大きいタネはピンセットを、細かいタネは土入れを使う。

2 まき終わったら、透明なふた（ガラス板やクリアファイル）で覆う。水深2～3cmの腰水にするか、霧吹きで水を毎日かける。覆土は不要。水は毎日交換。

3 発芽し始めたら、鉢とふたとの間に割りばしなどを挟んで、通風を図る。生えそろったらふたを外し、腰水をやめる。

4 発芽まもない実生苗。翌春の植え替え適期に植え替える。腕に自信があれば、発芽後すぐ～9月中旬に植え替えてもよい。

親株の鉢にまく

発芽、育苗管理が面倒であれば、親株のまわりにタネをまいてもよい。たくさんはふやせないが管理が容易。写真は土童（シドウ）（フライレア・カスタネア、40ページ参照）。こぼれダネが鉢縁で発芽し、生育している。次シーズンにできたタネも、親株の上に散乱している。

花サボテン

Trichocereeae hybrid

トリコセレウス連交配種の世界

M.Yamashiro

色とりどりの花を咲かせるトリコセレウス連交配種。開花期は5月。

花サボテンとは

花サボテンに含まれるのは、旧エキノプシス属、旧ロビビア属などの原種と、それらを中心に交配した交配種です。美しい花が特徴で、その交配種は現在ではトリコセレウス連交配種と呼ばれています。トリコセレウス連には10以上の属があり、いずれも南アメリカのアンデス山脈の麓に分布する、玉型サボテンと柱サボテンです。ちなみに「連」は、科（または亜科）と属との間に位置する分類階級で、トリコセレウス連最大である現在のエキノプシス属の場合、サボテン科＞カクタス亜科＞トリコセレウス連＞エキノプシス属となります。

未来につながる可能性

1960年代前半から1980年代前半まで、花サボテンはとても人気がありましたが、その後は牡丹類、有星類（アストロフィツム属）、ロフォフォラなど、とげの少ないサボテンの流行によって、花サボテンの人気は徐々に衰退していきました。しかし、花サボテンに魅せられた育種家、趣味

サボテン育種家

山城勝一さん

やましろまさかず

M.Yamashiro

トリコセレウス連交配種の最新花

原種の花に比べると、花色の幅があり、花弁は幅広の丸弁で、花弁数がふえています。

家の手で交配は続けられ、現在では花色の幅が広がり、八重咲き、千重咲き、芍薬咲き、特異咲きなどの花形も生まれています。トリコセレウス連に分類されるサボテンは属間交配、多属間交配ができるので、近年の遺伝子解析による分類の見直しにより、育種の可能性がさらに広がっています。

美しい花を戸外で

きれいな花を咲かせるサボテンは数多くありますが、トリコセレウス連交配種の強みはそれらと比較しても花が際立って美しく、さらに戸外で栽培できる点にあります。耐寒性が−3〜−2℃まであり、関東地方以西の多くの場所で、雨ざらしで通年管理することができます（長雨が降り続く場合は要雨よけ）。高さは10cm〜2m。育てやすく、安価なものから高価なものまでそろっています。

残念なのは、植物体の形状がほぼ一様であることと、1日で咲き終わる「一日花」であることです。せめて3日間咲き続けるように改良できたらと願っています。

サボテン栽培のポイント

サボテンの生育型　A型、B型、C型

A型／夏越しに注意！

赤花高砂
Mammillaria bocasana rose-flowered

B型／低温にも高温にも耐性あり！

獅子王丸
Parodia mammulosa subsp. *submammulosus*
(syn. *Notocactus submammulosus*)

C型／低温に注意！

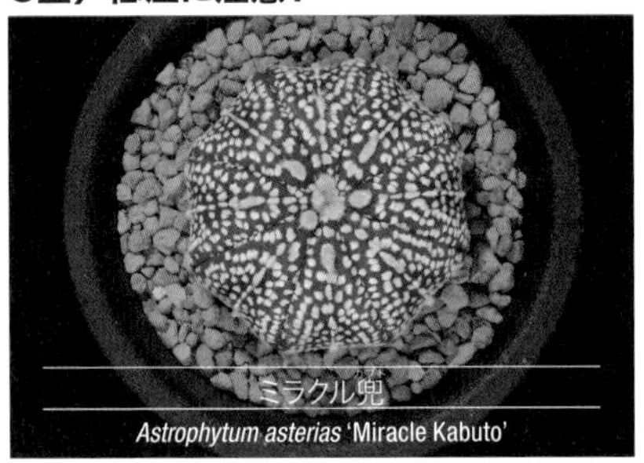

ミラクル兜
Astrophytum asterias 'Miracle Kabuto'

ひと口にサボテンといっても、さまざまな気候条件下でそれぞれの種が適応しています。本来であれば管理方法を種ごとに紹介すべきところですが、2000種を超えるサボテンを個別に説明することはできません。今回は好む温度帯によって、3つの生育型（A型、B型、C型）に分けて説明します。

A型／
低温に耐性があり、高温を嫌う種類
夏越しに注意！

該当するのは、アメリカの高緯度の寒冷地や内陸高地（ペディオカクタス属、スクレロカクタス属など）、メキシコの内陸高地（一部のマミラリア属、一部のオプンチア属など）、南米アンデス山脈の高地（レブチア属やテフロカクタス属など）や南米パタゴニア地方（アウストロカクタス属、マイフェニア属など）に自生するサボテンです。高地や寒冷地といっても、夏に日中30～40℃になるところもありますが、夜間は気温が大きく下がります。

難物といわれる、栽培が難しいサボテンの多くはA型に含まれます。日本では、高温多湿で夜温が下がらない、夏の気候が問題になるためで、夏越しに特に注意が必要なサボテンです。耐寒性は非常に強いものの、日本の環境では戸外での冬越

96ページに掲載したサボテンの解説は、108ページ参照。

サボテンは長く育て続けることができる植物です。
初心者でも失敗しにくい管理方法と、
サボテン栽培に必要な基本知識を解説します。

しはできません。現地では冬の休眠期に球体が大きく縮み土中に潜るものもあるので、現地での冬越し方法を学べば戸外での冬越しが可能になるかもしれません。

B型／
低温にも高温にも耐性のある強健な種類、
低温も高温も特に苦手としない種類、
A型とC型以外の種類

多くのサボテンが該当します。暑さ寒さに強く、成長期の長いサボテンもB型に含めます。真夏に生育させることが可能なサボテンもありますが、夜温が下がらない環境下では腐ったり、傷んだりするおそれが高いため、休眠させて管理します。

C型／
高温を好む種類、低温を嫌う種類
冬越しに注意！

該当するのは、牡丹類（アリオカルプス属）、兜丸（アストロフィツム属）など、自生地では球体のほとんどが土中に埋まっているサボテンです。ロフォフォラ属や兜丸は、サボテンのなかでは寒さにやや弱いといえますが、それでも室内や簡易温室での加温は関東地方以西では不要です。牡丹類は寒さにも強いサボテンです。

高温を好み、サボテンのなかでは多湿にもやや耐性があります。生育開始が遅く、晩春、初夏から本格的に成長期に入るため、春先の水やりで腐らせないように注意します。真夏に生育させることが可能ですが、夜温が下がらない環境下では腐ったり、傷んだりするおそれが高いため、休眠させて管理します。極度の乾燥を嫌うため、冬は湿度を上げて管理すると、春の生育がよくなります。

多くは、元来の性質として頭頂部のみ出して土中で育つサボテンです。ギムノカリキウム属など、自生地の土質などの環境によって球体が半分ほど埋まって自生するサボテンや、休眠期に大きく縮んで土中に埋まってしまうサボテンなどはC型ではありません。

サボテンの生育型が
わからない場合

入手したサボテンが、アリオカルプス属、兜丸（アストロフィツム・アステリアス）、ロフォフォラ属、綾波（ホマロケファラ属）などであればC型です。

そうでなければ、とりあえずB型の「低温も高温も特に苦手としない種類」として扱ってください。極端な暑さ、寒さを避けて管理しましょう。

夏に調子をくずすようなら、A型として扱います。夏の高温多湿による株の蒸れを避けるため、できるだけ風通しのよい場所で管理しましょう。

鉢の選び方

鉢の材質／栽培に最も適しているのは黒のビニールポット、次に黒のプラスチック鉢です。サボテンを生育させるには、根のまわりの用土の温度を上げる必要があります。鉢側面に日光が当たった際に、鉢内の用土の温度が上がりやすいのは、熱伝導のよい「黒のビニール」と「黒のプラスチック」なのです。黒のビニールポットでは味気ないと感じる場合は、黒のプラスチック鉢を選びましょう。質感のよい鉢が多数販売されています。

素焼き鉢や駄温鉢は使用を避けたほうがよいです。鉢内の水分を吸収するため、蒸発する際の気化熱で用土の温度が下がります。釉薬のかかった陶器鉢は熱伝導が悪く、用土や根が温まるのに時間がかかるため、おすすめできません。

鉢のサイズ／鉢のサイズは、球体よりも一回り程度大きいものを選びます。鉢が大きすぎると、根のまわりの用土が温まりにくくなるほか、用土が乾きにくくなって根腐れのおそれがあります。鉢が小さすぎると、水やり時に用土全体に水が入りません。

鉢の形状／多くのサボテンは普通鉢（鉢の直径と高さがほぼ同じ比率の鉢）で育てます。台木につぎ木された株、旺盛に根が張る種（フェロカクタス属、一部のウチワサボテンなど）、塊根が肥大した成熟株（ロフォフォラ属や一部のギムノカリキウム属）は、根の伸びが旺盛で根詰まりを起こしやすいため、または、多肉質の根が長く伸びるため、深鉢をおすすめします。

水やり後に余分な水がしっかり抜け、鉢底に水がたまらない鉢を選んでください。

サボテン栽培に適した鉢。左から、ビニールポット、硬質ポリポット、プラスチック鉢、プラスチック深鉢。

用土の選び方

サボテンの自生地の土壌酸度は同じではありません。アメリカやメキシコ、南米大陸のアンデス山脈から西の地域では、その多くがアルカリ性土壌です。なかには強アルカリ性土壌に自生する種もあります。逆に南米大陸のアンデス山脈から東の地域では多くが酸性土壌です。

サボテンの用土を配合する際は、汎用性の高い、中性から弱酸性の用土をおすすめします。サボテン栽培で最も失敗しやすい根腐れを起こしにくくするため、排水性を重視しながら、ある程度の保水性をもたせます。

複数のサボテンを育てている場合は、同

じ配合土で植えつけておくと、水やりのタイミングを把握しやすくなります。

おすすめの配合土

●シンプルな配合土
硬質赤玉土小粒5.5、軽石小粒4、ヤシ殻炭0.5の配合土など
保水性と排水性のバランスを赤玉土と軽石でとります。赤玉土が劣化すると排水性が損なわれるため、硬質のものを使用します。これに元肥を加えて使用します。

●こだわりの配合土
硬質赤玉土小粒4、軽石小粒3、バーク堆肥1.5、ゼオライト1、ヤシ殻炭0.5など
「シンプルな配合土」に、バーク堆肥とゼオライトを加えた配合です。バーク堆肥は通気性と保水性に優れ、用土が固まりにくくなります。ゼオライトは鉢内の有害物質を吸収します。これに元肥を加えて使用します。

肥料の選び方

元肥だけで育つ／ほとんどのサボテンは肥料をあまり必要としません。植え替え時に、完熟した緩効性有機質固形肥料（N-P-K=2.3-4.4-3.8など、必ず完熟のものを使用する）を元肥として、用土の5%程度施します。つぎ木株以外には追肥は施しません。5年植え替えない種類でも、水やりの回数、水量が少ないため、植え替え前に元肥の効果が切れることはありません。

つぎ木株には追肥／ただし、竜神木や袖ヶ浦（89ページ参照）などの柱サボテンや、これらを台木にしたつぎ木株、台木の柱サボテンが残っているつぎ降ろし株（88ページ参照）は、元肥を施したうえで成長期に追肥を施します。つぎ降ろし株に、台木の柱サボテンが残っていれば、株元に台木がついているので、植え替え時に株元を確認すればわかります。

追肥は3～5月、9月中旬～10月に液体肥料（N-P-K=6-10-5など）を2週間に1回施します。台木が色あせたり、やせたりする場合は、台木が肥料切れを起こしています。忘れずに追肥を施しましょう。

緩効性有機質固形肥料（N-P-K=2.3-4.4-3.8など）

サボテンの肥料と施肥時期

	肥料の種類	施す時期
元肥	緩効性有機質固形肥料（N-P-K=2.3-4.4-3.8など）	植え替え時
追肥	液体肥料（N-P-K=6-10-5など）	3～5月、9月中旬～10月

置き場

風通しを確保し、ほかの鉢の陰にならないようにするため、鉢の間隔をあけて管理します。病害虫を防ぐため、地面の上に直接、置くのはやめましょう。丈夫な台の上などに置いてください。

日ざしが長時間、強く当たり、昼夜の温度差が大きければ、充実したとげになり、締まった株になります。

●**簡易温室がない場合**／春から秋は、雨の当たらない、日当たりのよい戸外で管理します。軒下や、透明～半透明の屋根つき駐車場などが該当します。

冬は室内の明るい窓辺で管理します。日ざしが長時間当たる場所を選びましょう。暖かい日の日中は戸外で日ざしに当て、徒長を防ぐとともに、鉢内の温度を上げます。鉢内の温度を上げると、耐寒性が増します。

●**簡易温室がある場合**／簡易温室を戸外の日当たりのよい場所に設置し、その中で管理します。簡易温室はホームセンターなどで販売されている、園芸用の移動可能な温室です。ビニールやポリカーボネートなどで覆う構造です。入手しやすい安価なものもたくさんあります。

強風などで横転しないように、簡易温室をしっかりと固定しましょう。周囲に遮るものがない場所に設置するのがおすすめですが、住宅などの構造物に沿って設置する場合は、南向き>東向き>西向き（遮光が必須）の順に適した場所になります。北向きは日照時間が短すぎるため、サボテン栽培に向いていません。

簡易温室は日ざしが当たると、室内の温度が急激に上がりやすいため、開口部の開閉が必要です。風通しを確保し、霜や凍結、寒風から守るためにも、開口部の開閉は必要です。

鉢サイズに合った鉢トレイに、間隔をあけて入れて管理する。鉢が倒れるおそれがなくなるだけでなく、周囲の鉢の陰にならず、鉢側面にも日ざしが当たり、風通しも確保できる。

ビニールで覆う、組み立て式の簡易温室。簡易温室があれば、管理が容易になり、サボテンの状態もよくなる。

遮光

日焼けを防ぐため、サボテンには季節や種類によって20～50%の遮光を施します。遮光資材は何色でもかまいません。半日陰を好む種（牡丹玉系統など）や、斑入りの個体は、20～60%の遮光下で管理します。西日が当たる環境では、30～60%の遮光を施します。遮光ネットをサボテンに直接かけると、風通しが悪く蒸れやすくなるので注意が必要です。

徒長したり、球体の色が薄くなったりする場合は、日ざしが弱すぎるので、遮光率を下げます。逆に、赤みがかってくる場合は、日ざしが強すぎます。そのままでは日焼けを起こすので、遮光率を上げます。

室内管理から戸外管理へ移行するときや、植え替え、株分けの直後、長雨や曇りの日が続いたあとの晴天時などは、日焼けに十分注意してください。

水やり

本書では、サボテンの管理を容易にするため、水やりを5種類に分けています。サボテン栽培で最も失敗しやすいのが、水やりです。与えすぎに注意してください。

用土が乾いたらたっぷりと／生育期に行う水やりです。目安は4～5日に1回です。鉢底から流れ出るまで与えます。生育期は水をよく吸いますが、与えすぎると根腐れを起こすおそれがあります。鉢を持ち上げて重さで確認したり、鉢底の様子を見て確認したり、用土に竹串をさして湿り気を確認するなど、水やりのタイミングをよく見極めましょう。

複数のサボテンを育てている場合は、同じ配合土で植えつけておくと、水やりのタイミングが把握しやすくなります。

用土が乾いたら2～3日後にたっぷりと／冬の休眠明けの時期と、休眠前の時期に行う水やりです。目安は7～10日に1回です。春の成長再開時は水を吸収する力が弱いので、与える頻度を徐々にふやしていきます。用土が湿ってない部分の根は動きません。鉢底から流れ出るまで、水をたっぷりと与えます。

用土全体を湿らせる。鉢底から水が少ししみ出る程度／夏の強制休眠期の水やりです。目安は月に2回程度です。細根を維持するために最低限の水やりを行います。水をあまり吸わないので根全体が湿るように与え、できるだけ早く乾かします。

表土を湿らせる／冬の休眠期の水やりです。細根を維持するために、最低限の水を与えます。暖かい日の午前中に、月2回程度行います。根はほとんど水を吸わないので、表土が湿るように与え、できるだけ早く乾かします。水を与えすぎると、株が傷むおそれがあります。自信がなければ、下記の「断水」管理にしてください。

断水／冬の休眠期の水やりです。水やりを行わず、水を一滴も与えません。

主な病害虫

(66ページ参照)

アカダニ
(ハダニ)

発生時期／4〜10月
症状／サボテンの汁を吸い、吸汁された部分は白く変色し、元に戻りません。被害を受けやすいのは、ロフォフォラ属など、肌の柔らかい種類です。
対策／風通しのよい場所で管理し、水やり時に株全体に水をかけると、予防になります。花き類・観葉植物に適用のある薬剤で防除します。

(70ページ参照)

サボテンフクロカイガラムシ

発生時期／4〜11月
症状／幼虫時にサボテンに付着し、吸汁します。放っておくとサボテンは衰弱し、やがて枯れます。成虫はワックス状の殻に覆われているため、薬剤がほとんど効きません。

カイガラムシの排せつ物からすす病が発生します。すす病はとげや球体が黒いカビで覆われる症状です。梅雨や秋雨時などの長雨時に発生します。
対策／幼虫は年に2〜3回、一斉にふ化するので、成虫になる前に花き類・観葉植物に適用のある薬剤で、繰り返し防除します。成虫はピンセットや歯ブラシで取り除きます。花がらや周囲の雑草を取り除き、風通しをよくすることで予防します。すす病は花き類・観葉植物に適用のある薬剤で防除します。

(68ページ参照)

コナカイガラムシ

発生時期／4〜11月
症状／5mm程度の綿のような形状です。とげや球体に付着し吸汁します。幼虫も成虫も移動します。放っておくとサボテンは衰弱し、やがて枯れます。カイガラムシの排せつ物からすす病が発生します。
対策／花き類・観葉植物に適用のある薬剤で防除します(成虫にも薬剤が効く)。殺虫剤散布後に死骸が残るので、ピンセットや歯ブラシで取り除きます。

(64ページ参照)

ネジラミ
(ネコナカイガラムシ)

発生時期／春〜秋(発生したら通年)
症状／土中に生息する、2〜3mmの綿のようなカイガラムシです。サボテンの根に寄生し、吸汁してサボテンを衰弱させます。植え替え時に必ず確認しましょう。
対策／発見したら水で土を洗い流し用土や傷んだ根をすべて取り除き、花き類・観葉植物に適用のある薬剤で防除します。1週間程度、根を風に当てて乾燥させてから、植えつけます。地面の上に鉢を直接、置かないようにします。

アブラムシ

発生時期／春〜秋
症状／レブチア属やギムノカリキウム属などの花に発生しますが、サボテン本体には害はありません。排せつ物がすす病の原因となります。

対策／風通しのよい環境で発生を予防できます。発生したら園芸用の駆除剤で防除します。

ナメクジ

発生時期／3〜11月（簡易温室は通年）

症状／肌の柔らかい種類や、成長点付近の柔らかい部分が食害されます。

対策／園芸用のナメクジ駆除剤で防除します。

ネマトーダ
（線虫）

発生時期／春〜秋（発生したら通年）

症状／大きさは数mmで、根の中に入り込んで吸汁し、サボテンを衰弱させます。ネコブセンチュウは根にこぶを形成し、ネグサレセンチュウは入り込んだ根を腐らせます。植え替え時に根の状態を必ず確認します。

対策／発見したら用土をすべて落とし、傷んだ根はすべて取り除き、残りの根は短く切り詰めます。地面の土の上に鉢を直接、置かないようにします。

（58、78ページ参照）

赤腐病、黒腐病

発生時期／通年

症状／どちらもフザリウム菌による病気です。赤腐病は土中から根などを通して侵入し維管束をたどって株全体に広がっていきます。休眠中に鉢内を過湿にしたり、植え替え時に多肉質の根などを傷つけたりすると発生します。

黒腐病は成長点付近の柔らかい部分、株の側面、株元などの傷口から入り込み、維管束をたどって株全体に広がっていきます。日焼け跡や害虫の被害を受けた箇所に発生します。

対策／菌に侵された部分が少なければ、腐った部分をすべて取り除き、傷口を殺菌消毒します。傷口が地上部にあり、根の部分が何ともない場合は、そのまま植えつけ、風通しのよい日陰で傷口を乾かします。傷口が地下部の場合は、断面が完全に堅くなるまで乾かしてから植えつけます。傷口の大きさ、時期によって1週間〜1か月乾燥させます。

黒腐病は日焼けや害虫発生を防ぎ、未完熟の肥料、腐葉土を使用しないことで発生を減らすことができます。

（74ページ参照）

南米病

発生時期／春〜秋

症状／成長点がつぶれたり、成長点付近が変色したり、かさぶたのようになったりする症状です。昔から原因不明の症状として知られていました。その名は、南米産のサボテンに多いことに由来します。ホウ素欠乏による成長障害が原因ともいわれていますが、よくわかっていません。

サボテンを温室で育てる

サボテンの栽培環境をより充実させるなら、温室の設置をおすすめします。移動可能な簡易温室に対して、温室は据えつけ型です。温室は基本的に簡易温室よりも容積が大きいため、温度、湿度が急激に上下することがありません。つまり、温室内の温度、湿度を安定させやすく、高温障害や蒸れが起きにくくなります。

温室の種類はさまざまです。透明パネル部分はガラス製、ポリカーボネート製、ポリエチレン製など、フレーム部分はアルミ製、スチール製、木製などがあります。ビニールハウスも温室に含まれます。

温室のメリット

サボテンを温室で育てるメリットを①〜⑤に分けて紹介します。②③④は簡易温室でも効果が得られます。

①休眠期の光量確保

サボテンは休眠期にも日ざしに当てる必要がありますが、温室があれば長時間、全方向から日ざしを取り入れることができます。園芸用温室の三角屋根や半円屋根は、日ざしが温室内へまっすぐ入射するように考えられた形状です。徒長させずに、締まった株にすることができるのです。さらに日ざしが長時間当たることで、日中の温度が上がり、耐寒性が強くなります。

なお、室内の窓際で冬越しさせると、日ざしが一方向から短時間しか当たらず、また、ペアガラスやUVカットガラスの場合は窓を透過した日ざしが弱いため、どうしても日照不足になってしまいます。簡易温室は日ざしがよく当たりますが、冬でも晴れていれば温室内の温度が急激に上がり、高温で株が傷むおそれがあります。

②秋終盤〜春先の温度確保

晩秋と、春先の日中温度を上げることができるため、昼夜の温度差が確保できます。これによって、秋は休眠入りを遅らせ、春は休眠明けを早めることができ、生育期間が長くなります。

③雨に当てずに、日照を確保

一般家庭では、雨が当たらず、十分な日照時間を確保できる場所は限られています。

④光量調整が容易

多くのサボテンは日焼けを起こしやすく、遮光が必要ですが、温室は遮光資材を設置するのも容易です。

⑤湿度管理が容易

温室は空間内の湿度を上げることも容易です。C型のサボテンには、極度の乾燥を嫌う種があります。乾燥する季節に湿度を上げて管理することで、よい状態を維持できます。簡易温室で湿度を上げると、そのほかの株が蒸れるおそれがあります。

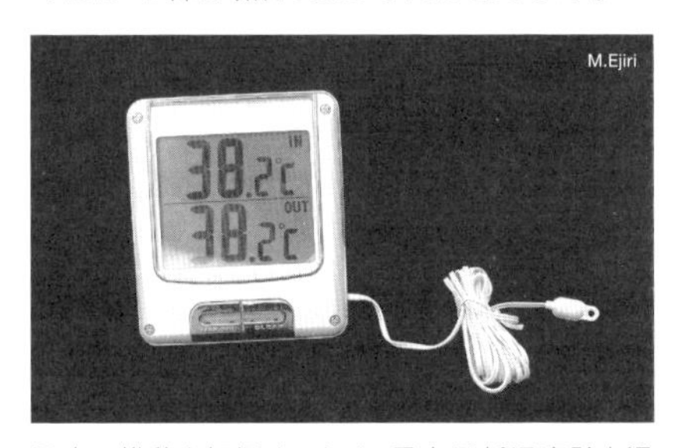

温度の推移を把握するため、最高最低温度計を温室内に必ず設置する。

表紙、扉などのサボテン

表紙カバーや扉など、
図鑑以外のページで紹介した
サボテンを解説します。

カバー表、7ページ掲載

★★★☆☆

黒王丸（コクオウマル）

（コピアポア・シネレア）

Copiapoa cinerea

最低温度 3℃

生育型 B

チリ北部

アタカマ砂漠の小高い丘などの斜面に自生する、最も人気のあるサボテンの一つ。群落ごとに、とげの生え方が異なる。白灰色の球体に、漆黒の太いとげがよく映える。成熟するまでは丸々とした球体で、成熟すると円柱状になり、子を吹いて数十年かけて群生株になる。

1ページ掲載

★★☆☆☆

アズテキウム・ヒントニー

Aztekium hintonii

最低温度 3℃／生育型 B

メキシコ

（ヌエボ・レオン州）

標高1200m程度のごく限られた場所に分布する希少種。石灰岩質の渓谷の崖に付着するように自生する。成長点付近から綿毛を出し、直径2cm程度のピンク花を夏に咲かせる。成長は花籠（28ページ参照）ほどではないが遅く、つぎ木すると群生する。

カバー裏掲載

★☆☆☆☆

磐石錦（バンジャクニシキ）

（アストロフィツム'磐石'バリエゲーテッド）

Astrophytum 'Banzyaku' variegated

最低温度 3℃

生育型 B

種間交雑種

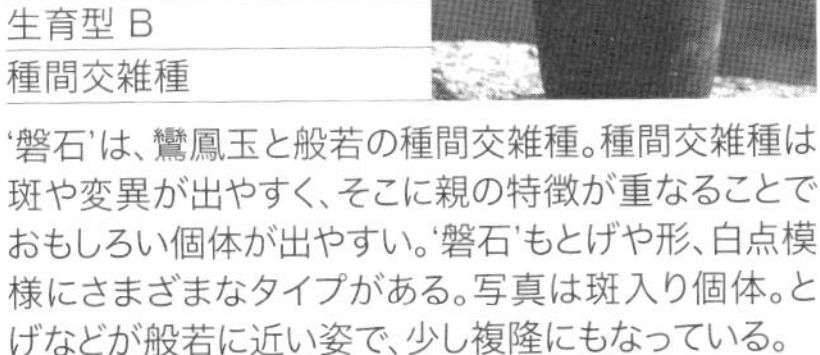

'磐石'は、鸞鳳玉と般若の種間交雑種。種間交雑種は斑や変異が出やすく、そこに親の特徴が重なることでおもしろい個体が出やすい。'磐石'もとげや形、白点模様にさまざまなタイプがある。写真は斑入り個体。とげなどが般若に近い姿で、少し複隆にもなっている。

5ページ掲載

★★☆☆☆

光山、晃山（コウザン、コウザン）

（レウクテンベルギア・プリンキピス）

Leuchtenbergia principis

最低温度 0℃

生育型 B

メキシコ北部〜中部

1属1種で広範囲に点在する。多肉植物のアガベに似ているため、現地では「アガベカクタス」と呼ばれている。日本への導入は古く、昭和初期の本に登場する。属間交配が可能で、金鯱晃山などは古くから知られている。原始的なサボテンと考えられている。

6ページ掲載

★★★★☆

ペディオカクタス・ピーブレシアナス・マイアス

Pediocactus peeblesianus f. *maius*

最低温度 0℃

生育型 A

アメリカ（アリゾナ州）

標高1500m付近に自生するP・ピーブレシアナスのフォルマとされたが、近年は同一種として扱われる。最大直径5cm、高さ7cmほどの小型種で、ほとんど群生しない。栽培が難しいとされるペディオカクタス属のなかでは丈夫な種だが、高温多湿を非常に嫌う。

6ページ掲載

★★★☆☆

ゲン ウン

厳雲

（メロカクタス・グラウセッセンス）

Melocactus glaucescens

最低温度 5℃／生育型 B

ブラジル東部（バイーア州）

標高800m前後の砂質の開けた斜面に自生。最大直径15〜25cmの中型メロカクタスで自家受粉する。写真の株は花座がまだ若く、オレンジ色が濃い。花座が成長するとクリーム色に変わる。メロカクタス属の果実を鳥が好み、タネが運ばれ分布域を広げている。

6ページ掲載

★★★☆☆

アガベ牡丹

（アリオカルプス・アガボイデス）

Ariocarpus agavoides

最低温度 3℃／生育型 C

メキシコ中西部（タマウリパス州、サン・ルイス・ポトシ州）

標高1200m程度の石灰岩の岩場の丘に自生する。違法採取や農地開発によりほぼ全滅。大きな塊根をもつ。細い疣を広げるように伸ばす姿はアガベに似ている。種小名、園芸名はアガベに由来。疣の先に刺座がある。自生地では疣の先端以外は地中にある。

7ページ掲載

★★★☆☆

タマ ボ タン

玉牡丹

（アリオカルプス・レツーサス'玉牡丹'）

Ariocarpus retusus 'Tamabotan'

最低温度 3℃

生育型 C

メキシコ北西部

ワシントン条約規制前に輸入された岩牡丹（A・レツーサス）に交じっていた、疣が特に幅広い個体を固定したもの。岩牡丹は疣が幅広いほど人気が高い。岩牡丹の疣の幅は3〜4cmだが、玉牡丹は8cmを超え、直径30cmを超える。

7ページ掲載

★☆☆☆☆

セ カイ ズ

世界の図

（エキノプシス・エイリエシー・バリエゲーテッド）

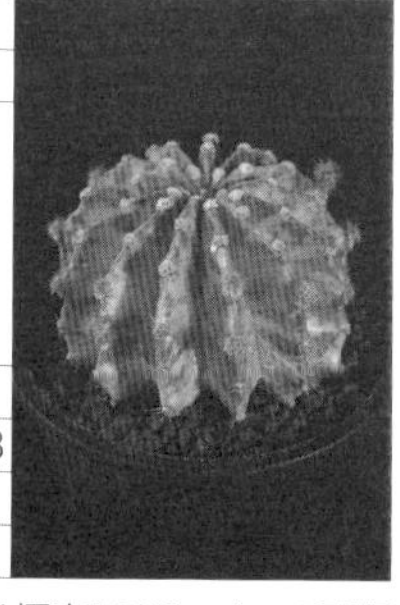

Echinopsis eyriesii variegated

最低温度 −5℃／生育型 B

ブラジル、アルゼンチン、ウルグアイ

短毛丸（E・エイリエシー）は標高1000mまでの平野や丘に広く自生。日本では古くから栽培され、丈夫であるためにつぎ木の台木としても使われる。世界の図は、短毛丸の斑入り園芸品種。緑色の球体全体にバランスよく斑が入る。

7ページ掲載

★★☆☆☆

コウ バイ デン

紅梅殿

（ツルビニカルプス・ホリピルス）

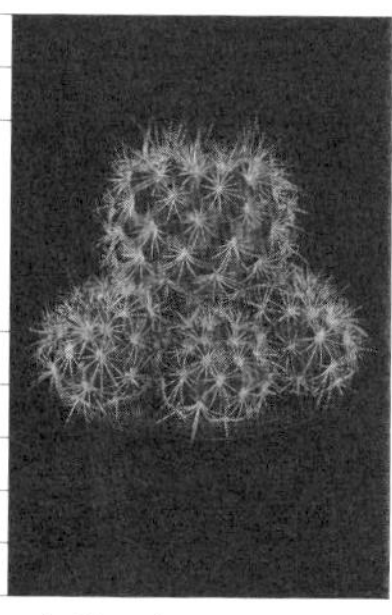

Turbinicarpus horripilus

(syn. *Gymnocactus horripilus*)

最低温度 0℃／生育型 B

メキシコ中部（イダルゴ州）

標高1200〜1500mの石灰岩質の岩場の斜面や崖に自生する。最大直径7〜8cm、高さ15cmほどになり、群生する。園芸名は、初春から開花する鮮やかな紫花に由来する。以前はギムノカクタス属として記載。暑さ寒さに強く、比較的成長も早い。

9ページ掲載

★★☆☆☆

大葉キリン

(ペレスキア・グランディフォリア)

Pereskia grandifolia

最低温度 8℃

生育型 C

ブラジル

コノハサボテン亜科のペレスキア属は最も原始的なサボテンとされ、サボテンらしくない姿の低木になり、葉をつけるが、サボテン特有の刺座もある。幹は直径10〜20cmになり、とげに覆われる。花はピンク色で、コノハサボテンのなかでも特に大きな葉をもつ。

51ページ掲載

★☆☆☆☆

老楽

(エスポストア・ラナタ)

Espostoa lanata

最低温度 0℃

生育型 B

ペルー、エクアドル

幻楽(44ページ参照)に似ているが、さらに大きくなる。中刺がはっきりと伸びる幻楽に対し、老楽には中刺がない(中刺をもつ個体もまれにあり)。丈夫な種で暑さ寒さにも強く育てやすい。毛に覆われ、それ自体に遮光効果があるため、日ざしが弱いと徒長しやすい。

10ページ掲載

★★☆☆☆

春雷

(エキノカクタス・プラティアカンサス)

Echinocactus platyacanthus

(syn. *Echinocactus palmeri*)

最低温度 0℃/生育型 B

メキシコ

E・プラティアカンサスの1タイプ、中刺が長い。プエブラ産のE・パルメリーとして輸入された個体を、春雷と命名。中刺の長い個体はほかにも分布する。標高1000〜2500mの石灰岩質の土壌に自生し、地域によっては最大直径1m近く、高さ3mに達する。

53ページ掲載

★★★★☆

アストロフィツム・カプトメデューサエ

Astrophytum caput-medusae

最低温度 3℃/生育型 B

メキシコ北東部

(ヌエボ・レオン州)

ディギオスティグマ属として記載されてきたが、花がアストロフィツム属の特徴をもつため、のちに改属された。毛に覆われた小さな球体から、細長い疣が生える。低木の下に自生するため、半日陰で管理する。写真の個体は玉型サボテンのつぎ木株。

11ページ掲載

★★★☆☆

コピアポア・ギガンテア

Copiapoa haseltoniana

(syn. *C. gigantea*)

最低温度 3℃/生育型 B

チリ北部

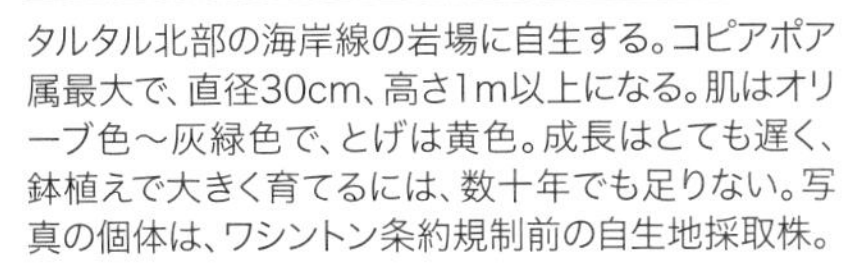

タルタル北部の海岸線の岩場に自生する。コピアポア属最大で、直径30cm、高さ1m以上になる。肌はオリーブ色〜灰緑色で、とげは黄色。成長はとても遅く、鉢植えで大きく育てるには、数十年でも足りない。写真の個体は、ワシントン条約規制前の自生地採取株。

58ページ掲載

★★★☆☆

明星

(マミラリア・シーディアナ)

Mammillaria schiedeana

最低温度 0℃

生育型 B

メキシコ中部

標高1000〜1500mの岩場の丘や斜面に自生する。堅い毛のようなとげが特徴で、とげの色は白、黄色、オレンジ色など。最大直径10cm程度の扁平球形の株姿となる。花色は白〜クリーム色で、不定期に数回咲く。暑さ寒さには比較的強いが、多湿を嫌う。

90ページ掲載

★★☆☆☆

碧方玉

(アストロフィツム ミリオスティグマ)

Astrophytum myriostigma cv.

(syn. *Astrophytum myriostigma* var. *quadricostatum* f. *nudum* cv.)

最低温度 3℃／生育型 B

メキシコ北部～中部

鸞鳳玉の園芸品種。通常の鸞鳳玉は5稜であるが3稜タイプを三角鸞鳳、4稜タイプを四角鸞鳳と呼ぶ。鸞鳳玉の白点のないタイプをヘキラン(碧瑠璃鸞鳳玉)、三稜タイプは三角ヘキラン、四稜タイプが碧方玉と名づけられた。

92ページ掲載

★★★☆☆

ネオメキシカーナ

(エピテランサ・ミクロメリス・ネオメキシカーナ)

Epithelantha micromeris

(syn. *Epithelantha micromeris* var. *neomexicana*)

最低温度 3℃／生育型 A

アメリカ(ニューメキシコ州)

月世界(E・ミクロメリス)のアメリカ・ニューメキシコ州に自生するタイプ。球体は細かな白灰色のとげに覆われ、直径4cm、高さ5cm程度。淡いピンク～ピンクの花を咲かせ自家受粉する。蒸し暑さを非常に嫌う。夏は風通しに特に気をつける。

96ページ掲載

★★★☆☆

赤花高砂

(マミラリア・ボカサナ)

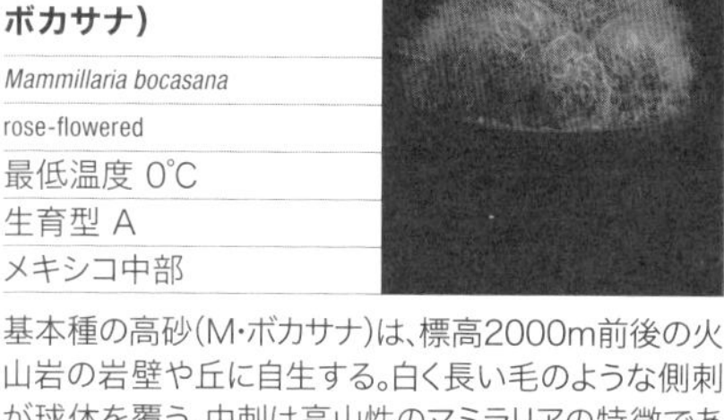

Mammillaria bocasana rose-flowered

最低温度 0℃

生育型 A

メキシコ中部

基本種の高砂(M・ボカサナ)は、標高2000m前後の火山岩の岩壁や丘に自生する。白く長い毛のような側刺が球体を覆う。中刺は高山性のマミラリアの特徴である鉤とげ。最大直径6cm程度で、群生する。高温多湿を特に嫌う。赤花高砂は、花の赤みが強い選抜個体。

96ページ掲載

★☆☆☆☆

獅子王丸

(パロジア・マンムローサ・サブマンムローサス)

Parodia mammulosa subsp. *submammulosus*

(syn. *Notocactus submammulosus*)

最低温度 0℃／生育型 B

ウルグアイ、アルゼンチン

低地から標高1800m程度までの、岩の多い丘陵や平野部に自生する。最大直径12cmほど。光沢のある緑色のやや扁平な球体で、4～5月に透明感のある黄やオレンジ色、ピンクの花を咲かせる。花サボテンとして人気。

96ページ掲載

★★★☆☆

ミラクル兜

(アストロフィツム・アステリアス 'ミラクル兜')

Astrophytum asterias 'Miracle Kabuto'

最低温度 5℃／生育型 C

アメリカ(アリゾナ州)、メキシコ(タマウリパス州)

兜丸(A・アステリアス)の園芸品種。スーパー兜(19ページ参照)の白点模様は優勢遺伝だが、ミラクルの白線模様は劣性遺伝であり、ふやしにくい。兜丸にはほかに、大疣兜、花園兜、アルプススーパー兜、アロースーパー兜、ゼブラスーパー兜などがある。

サボテン園芸名索引

本書に写真を掲載した
サボテンの園芸名を
五十音順に一覧にしました。

ア行

カ行

サ行

タ行

ナ行

ハ行

マ行

ヤ行

ラ行

サボテン学名（カタカナ表記）索引

本書に写真を掲載した
サボテンの学名（カタカナ表記）を
五十音順に一覧にしました。

ア行

カ行

サ行、タ行

ハ行

マ行

ヤ行、ラ行

サボテン・ショップ一覧

サボテンが買える全国の
主なショップを紹介します。
ほかにも各地の園芸店などで取り扱う場合があるので、
探してみてください。

カクタスブライト

〒312-0002 茨城県ひたちなか市高野2592-18
☎090-3082-0422
http://cactusbright.sakura.ne.jp/

グランカクタス

〒270-1337 千葉県印西市草深天王先1081
☎0476-47-0151
http://www.gran-cactus.com/

二和園

〒285-0844 千葉県佐倉市上志津原258
☎090-3315-6563
https://yukicact.sakura.ne.jp/

SABOSABO STORE

〒292-0063 千葉県木更津市江川958
☎050-1035-0571
http://sabosabo-store.jp/

鶴仙園

〔駒込本店〕
〒170-0003 東京都豊島区駒込6-1-21
☎03-3917-1274
〔西武池袋店〕
〒171-8569 東京都豊島区南池袋1-28-1
西武池袋本店9階屋上
☎03-5949-2958
http://sabo10.tokyo/

堀川カクタスガーデン

〒381-2225 長野県長野市篠ノ井岡田1663-10
☎026-292-5959
https://h-cactus.com/

信州西沢サボテン園

〒399-0705 長野県塩尻市広丘堅石392-8
☎0263-54-0900
http://nishizawacactus.sakura.ne.jp

高木カクタス

〒399-8204 長野県安曇野市豊科高家2950-1
☎090-3558-4982
http://t-cactus.net

三河サボテン園

〒445-0062 愛知県西尾市丁田町五助43-5
☎090-1749-6817
http://mikawasabo.web.fc2.com/

Coron Cactus

〒512-1212 三重県四日市市智積町6707
☎090-3446-5065
https://www.instagram.com/coron.cactus

山城愛仙園

〒561-0805 大阪府豊中市原田南1-10-7 3階
☎06-6866-1953
https://www.aisenen.com/

廣仙園

〒526-0828 滋賀県長浜市加田町521-3
☎090-1445-2298(昼間のみ)
http://kohsen-en.sakura.ne.jp/

たにっくん工房 (ネットショップのみ)

〒632-0043 奈良県天理市佐保庄町144-4
☎050-8022-1502
https://tanikkunkoubou.com/

カクタス・ニシ

〒649-6272 和歌山県和歌山市大垣内688-2
☎073-477-1233
http://www.cactusnishi.com/

Plant's Work

〒751-0867 山口県下関市延行562-1
☎090-4102-2919
https://www.instagram.com/plants_work/

※掲載の情報は2021年2月現在のものです。いずれのショップも定休日とは別に臨時休日などがあります。
※訪問する際は、事前に営業日をホームページで確認するか、電話でお問い合わせください(事前予約が必要なショップあり)。

NHK 趣味の園芸

12か月栽培ナビ NEO

多肉植物
サボテン

2021年2月20日 第1刷発行
2023年7月10日 第4刷発行

著者／山城智洋

発行者／松本浩司
発行所／NHK出版
〒150-0042
東京都渋谷区宇田川町10-3
電話／0570-009-321（問い合わせ）
　　　0570-000-321（注文）
ホームページ
https://www.nhk-book.co.jp
印刷／凸版印刷
製本／ブックアート

Printed in Japan
ISBN978-4-14-040294-8　C2361

山城智洋

やましろ・ともひろ／1975年、兵庫県生まれ。大阪府豊中市のサボテン・多肉植物専門店「山城愛仙園」の2代目園主。花き市場勤務を経て、サボテン・多肉植物の販売、輸入に携わる。豊富な知識と、ていねいな栽培管理でコレクターからの信頼も厚い。

山城愛仙園
〈店舗〉
〒561-0805
大阪府豊中市原田南
1-10-7 3階
[1階の（株）山植とは
別会社となります。]
TEL 06-6866-1953
FAX 06-6866-1962
〈online shop〉
https://eshop.aisenen.com/

アートディレクション
岡本一宣

デザイン
小埜田尚子、佐々木 彩、
木村友梨香、大平莉子
（O.I.G.D.C.）

撮影
桜野良充

写真提供
伊藤善規、江尻宗一、
團上和孝、
西 雅基（カクタス・ニシ）、
山城勝一

取材・撮影協力
村主康瑞、團上和孝、
谷口輝樹、山城愛仙園

DTP
ドルフィン

校正
安藤幹江、髙橋尚樹、
團上和孝

編集協力
前岡健一

企画・編集
向坂好生（NHK出版）